Spiritual Culture
青心文化

在阅读中疗愈·在疗愈中成长

READING&HEALING&GROWING

与自己建立真正的连结

扫码关注，回复书名，聆听专业音频讲解，加入阅读陪伴社群，学习爱自己本来的样子，荣耀自己的生命。

全新修订本

找回你的内在力量

[荷] 帕梅拉·克里柏（Pamela Kribbe）| 著

艾琦 | 译

中国青年出版社

青心文化
新书书目

SPIRITUAL CULTURE CATALOG

2021/2022

在阅读中疗愈　在疗愈中成长

READING & HEALING & GROWING

《零极限：创造健康、平静与财富的夏威夷疗法》

［美］乔·维泰利 / ［美］伊贺列卡拉·修·蓝 / 著 | 胡 尧 / 译

作为世界超级畅销书，由《秘密》作者之一乔·维泰利主笔，讲述了他在一个夏威夷精神病院中遇见世界上奇特的治疗师修·蓝博士的故事。如果你用不受限的眼光看世界，让心智回到“零极限”的状态里，那每一件事都是可能的。

《新·零极限》

［美］乔·维泰利 / 著 | 彭 展 / 译

正宗《零极限》续集！《零极限》没说完的事，本书一次告诉你！附带超值附录，只有参加“荷欧波诺波诺”课程才能学到的奥秘！

ZERO LIMITS
微店
归零手账
零极限每日清理日记，陪伴你时时刻刻活在灵感中！
扫码即可购买零极限系列手账

目录

序

这是一本基于生命体验同时超越生命体验的关系平衡书。作为一个女性，我们常常因为伤痛而进入内在探索的旅程。也许你体验过压抑、恐惧、无价值感与不安全感，你守护着重要的关系，却无法为自己发声；你为家庭和工作拼尽全力，却完全感受不到滋养。帕梅拉的这本书，从被禁和受伤的女性展开，帮助我们了解自己的阴影面向，并从中获得女性能量的智慧，同时我们也需要了解男性能量，借此过程，真正地感受并彰显两者在不同层面的运作方式和驱动力，由此更好地看清内在之痛，跳出相互争夺的“错误之爱”，在心灵层面认出彼此，在情感和身体层面，做有力量的爱的践行者。

每个人都想建立充满爱的关系，我们生命所经历的种种问题都来自关系的扭曲，而无论是男性或者女性，我们之内都存在着男性能量和女性能量，当我们以整全性来对待自己和周围的人时，就是在调和这两股能量。刚开始，它们势均力敌、相互争夺或背道而驰，但是，它们必须彼此相认相知——最终，美满的一刻本属于你也终将呈现于你，那就是，当你与自己、与他人建立真实的连接，既和谐统一，又特立独行，让自己完全为生命负责，让你的女性能量和男性能量在彼此支持的健康关系中共舞，并逐渐获得既能够与他人连接，又能够放下对方，拥抱双方个体性的能力。由此，你将享受到自身光芒万丈的闪耀，活出更完整的自己。这就是我们找回内在力量的过程。

张德芬

导　言

《被禁的女子终开言》（译注：本书原版书书名），这一书名可能会引发一些提问，如今还有什么是被禁的呢？在西方世界，女性解放似乎已经取得了相当大的进步。女性被允许像男性一样工作，创建事业，聚集财富。她们在法律上也拥有同样的权利与义务，能够自由地发展。而且，在现在的图书与电影中，你会看到女性变得越来越有行动力，越来越有自我意识。难道就“女性”这一点而言，还有什么是被禁的吗？

本书对此的回答是：是的。尽管女性在形式上与男性是平等的，但在女性灵魂深处却存在着创伤，若干世纪以来对女性的误解与扭曲导致了这一结果。这一创伤便是本书所讨论的主题。首先，“被禁的女性”也是“受伤的女性”。一位受伤的女性或许能够创建事业，建立关系，如“女强人”一般。但是，她们外表之下往往隐藏着自我怀疑与无价值感。受伤的女性往往会大量付出，深刻地感受他人的倾向，却难以为自己挺身而出，难以为自己设定界限。这使得她们较易失去自我，缺乏稳固的根基。女性拥有她们想与这个世界分享的创造力、灵感与爱，然而，绊脚石却是她们对自身的价值缺乏自信。那么，她们的真实面目真的受欢迎吗？

在大学完成了哲学博士论文，即将与学术界告别之际，我遇到了自己内在“被禁的女性”。那时，我强烈地感受到来自内心深处的呼唤，呼唤我以感知的方式，而不是以理性分析的方式来探讨人生问题、探索灵性。那段时间，我因为一段关系的破裂备受打击，无比绝望。理智层面上的“食粮”已经无法满足我对了悟人生意义和对爱的渴望。我钻研各种秘学书籍，并饶有兴趣地参加了“解读生命能量场”的培训课。于是，新的人生篇章开始了，那时的我30岁出头。几年之后，在遇到我现在的伴侣之后，我创立了自己的工作室，帮助人们解读生命能量场，并提供灵性咨询。不久之后，我陆续建立了一些连结。我会传导讯息，并将这些讯息结集成书。

将自己的工作公之于众，与之相伴的是极大的恐惧与迟疑。我们获得了许多关注以及充满肯定与温暖的响应。然而，我却长期受挟于内在深处的自我怀疑与不确定感。我内在的“被禁的女性”是一位直觉极强的女性，她想要进入生命的核心，想要用心而非用头脑去感受与理解。我非常害怕将自己的这一面向展示在公众面前，我内在“已被塑造，力图避免冲突”的那部分害怕遭到拒绝与嘲笑。随着时间的推移，我开始慢慢地适应，在举办工作坊和讲座面对越来越多的听众时，我不再那么紧张。接下来，我还需要面对一个挑战，对于前来寻求帮助的人，我无法说“不”。我无法明确地表明自己的界限，而且我对前来找我的人所承受的痛苦与折磨非常敏感。这最终导致了一次危机，我患上了胃炎并且精神崩溃，我因为具有精神病症状的抑郁症而住院治疗（详见《灵魂暗夜》一书）。在这次危机的谷底，我与这一切苦难的根源狭路相逢——无价值、有罪以及有错的感受。以此为出发点的我，时时刻刻都必须竭尽全力做好一切，以获得首肯与爱，与此同时，还要压抑自身的需求。这极具破坏性的“无价值感”为我带来了极大的影响，我几乎为此失去了生命。从灵魂暗夜中艰难地走出来后，我首次以“自爱”为基础看待和体验自己，爱自己如自己本然的样子，而非自己“应该是”的样子。这一基础虽不算坚实，但却在很大程度上使我更加坚定，更有自我意识。如今，我心中常常升起一种幸福感与充实感，为我所进行的工作以及所拥有的生活。我内在那“被禁的女性”终于可以走出来，站在阳光下。

本书中，我与一位来自过去的“被禁的女性”——抹大拉的玛利亚对话。在基督教历史上，她是一位被禁的女性。根据基督教传统教导，她是妓女，一位不守规矩的野性女子，需要获得救赎。至少，这一故事的官方版是这样的。在与抹大拉的玛利亚相处的过程中，她给我的感觉是，她是一位强而有力同时也充满爱的导师。有时，她非常直率，有些咄咄逼人，但大多数情况下，她非常温柔，对各种情绪充满理解。在我眼中，她并不是女权主义者，而是一位睿智且充满热忱的女性。她在探讨女性内在创伤的时候，也不忽略男性所遭受的创伤，主张两性能量的合作。抹大拉的玛利亚说，无论男性还是女性，其内在都带有“被禁的女性能量”，此能量关乎于感受、直觉与心灵。这一时期，男性与女性身上的这一能量都要觉醒，这样我们才能于自身、于各种关系以及政治和社会层面上，获得内在的平衡。

我是如何与抹大拉的玛利亚“相遇”的呢？又是以何种方式与她对话的呢？2011 年，我与先生格里特·杰伦一起在法国南部举办以“灵性与内在成长”为主题的工作坊。那时，我们开办工作室已近十年，我也出版了几本汇集约书亚（耶稣的亚拉姆语名字）传导讯息的图书。“传导”即接收已超越地球实相的源头的讯息。讯息的接收发生在内在层面上，也就是说，凭借直觉而非头脑，对信息源敞开自己。我并不会听到声音，或者眼前出现什么形相。对我来说，“传导”并非借由生理感官来觉察，而是自内而外地“感到”与“知道”。传导时，我是“翻译”或者“桥梁”，将源源流入内在的洞见转译成人类的词语和概念。在这一过程中，总有可能也总会存在某种程度的“过滤”或者“失真”。我也是人，我的工作更是建基于自己所掌握的词汇以及个人与文化背景上。判别传导讯息最好以内容为主，看一看你是否受其触动，它是否带给你启迪与明晰，是否使你感到放松、温暖与倍受鼓舞。如果的确如此的话，就说明来自这一渠道的信息能够对你有所帮助。如果传导的信息中不乏评判与恐惧，我比较倾向于将其置之一边。评判与恐惧并不属于爱与真实的意识觉知。最终，判断某些知识对你是否有用的尺度就在你之内。这适用于来自各种渠道的知识，无论是否通过传导都如此。要运用自己的直觉来辨别哪些讯息对你有益，哪些并不适合你。

2011 年，我们在法国举办工作坊（当时我们的书已有了法文版），我本以为将会传导约书亚的讯息，但事情的发展却完全出乎我的意料。我坐在许多饶有兴趣、满心期待的听众面前，忽然感觉到一股全新的能量。虽然因这一“突发事件”而心生惧意，不过我决定臣服于它，因为我感觉到这是一股很好的能量。我感到抹大拉的玛利亚的能量流经我的身体，心中升起一股感动。我开始以她的名义讲话，仿佛有什么古老而珍贵的东西苏醒过来——被禁的女性能量。感动在室内弥漫，有几位女士因为椅子不够用，在我的身边席地而坐，甚至不禁啜泣起来。即使我相当理性，富有怀疑精神，也被眼前发生的这一切深深地触动了。抹大拉的玛利亚在她带来的第一篇讯息中谈论了“女性腹部的创伤”——她如此称呼它。她说，女性能量因被压抑而变得衰弱，其留下的痕迹在腹部尤为明显。许多女性的能量场在腹部都有一个“空洞”，这与缺乏自我价值感是分不开的。尽管在法律或社会层面上恢复女性的平等权益非常重要，但仅凭这一点是无法疗愈这一心理创伤的。深度的疗愈是必须之举，抹大拉的玛利亚的讯息正是以此为主题。

最近这几年，我接收到一系列的讯息，其中的十五篇被收录在这本书的下半部。这些文字源自我们举办工作坊时，在众人的陪伴下所传导的讯息。这些讯息主要讨论了两性能量、关系、性以及女性腹部创伤的疗愈。这些文字除了带给大家讯息之外，还充满了爱与鼓励。阅读这些文字时，你所感受到的能量上的变化才是关键。这些讯息的目的在于，带你走近自己。它们并不仅仅是为了传递讯息，而是帮助你与内在的真相与智慧建立连结。

这本书的上半部分记录了我与抹大拉的玛利亚的对话，对话中我向她提出了各种各样的问题，比如她是谁，关于我们内在那被禁的女性能量，关于爱、激情与性。写作过程中，我感到抹大拉的玛利亚自己也有一些想要讨论的议题。首先，她指出了辨别“基于心灵、充满爱的男性能量”与主宰近代史的“基于抗争与掌控的男性能量”的重要性。她说，这一时期，更高的男性能量的苏醒尤为重要。接下来，她阐述了女性能量的阴暗面向，女性如果失去自我意识的话，可能会承纳充满操纵性、占有欲或者愤恨的形相。关于女性能量，她帮助我们辨别“基于恐惧与抗争的女性能量”与“基于心灵、充满爱的女性能量”。她说，男性与女性如果不对自身的阴影面向负起责任，两性之间的争战就会不断被滋生。人们在关系层面进行的复杂游戏中，女性与男性都有可能成为施害者或者受害者。在通往平衡与和谐的道路上，关键的一步在于，整合我们自己内在的男性与女性能量。只有这样，我们才能于内在变得完整，建立连结，并以此为出发点进入与他人的关系中。

除了深入讨论女性腹部的创伤以及随之而来的缺乏根基和自我价值感，抹大拉的玛利亚还具体讨论了男性能量的创伤。她提到了男性心中的创伤，这一创伤使得他们难以臣服于自身的感受与直觉。疗愈这一创伤与恢复女性的腹部力量同样重要。这两种不同的创伤也需要不同的疗愈方法。抹大拉的玛利亚分别讲述了疗愈男性与女性创伤的三个步骤。尽管疗愈两性创伤的道路并不相同，但它们殊途同归：内在的自由，建立连结以及充满爱的性体验。

我在许多人的帮助下完成了这本书，对此我充满感激。首先我想感谢我的生活伴侣格里特·吉伦，感谢工作坊（这本书正是基于一个个工作坊以及写书期间格里特爱的支持与陪伴）。能够与一位我深爱的、志同道合的灵魂伴侣分享自己的“心灵工作”，这对我来说是一种殊胜的体验。此外还有国内外参加这些工作坊的人，非常感谢他们的支持与信任，他们的陪伴使这本书的问世成为可能。感谢安娜玛丽·德弗利泽（Annemarie de Vrieze）和弗兰卡·范德林丹（Franca van der Linden）带给我的灵感与鼓励。感谢维姆·范格尔德对此书的编辑。最后，感谢阿尔塔米拉出版社对我的信任，以及与其愉快的合作。

第一部分

与抹大拉的玛利亚的对话

De
Verboden
Vrouw
Spreekt

第一章

被禁的女性

在哪些面向上你是“被禁的女性”，这又如何影响了你？

我天生就有很强的独立意识，厌恶人们尤其是男人将他们的意志或者观点强加于我。我随自己的意志而行，想要拥有属于自己的体验，并以此为基础建立自己的看法。也就是说，我与自身的男性能量有着颇为紧密的连结。而在那时，这却是一个不小的问题，因为社会为女性明确设定了各种规定与准则，并要求女性将其作为生活的准绳。少女时期的女性在社会与家庭的熏陶下，为嫁为人妻、成为人母做准备。追求精神自由、放弃家庭生活无异于自绝于社会，这会使其成为一个被社会抛弃与排斥的人。

18 岁时，年轻的我与一位较为年长、精神极其自由的男性一起踏上旅途，在他身边我感到很开心。我们并没有结婚，而且也不打算结婚。我们过着自由、充满冒险色彩的生活。在他身边，我丝毫不觉得拘束。我心中充满了热忱与激情，对于社会上的不公以及女性的不平等地位有着强烈的意见。我探索着成长，也经常师从于各处遇到的灵性老师。那时，我已经是一个“被禁的女性”了，因为我没有选择那个时代的既定之路。一段时间后，我与一个比我年轻的男性建立了亲密关系，就成了社会眼中的“放荡女人”。我并非像《圣经》中所描述的那样是一个妓女，只是与不止一个男人有着亲密关系，有的时候还是同时的。与同一个人建立亲密稳固的连结，我对此充满怀疑，因为我害怕会因此而失去自己的独立性，我想要一直保持自由。我曾经拥有的亲密关系都非常强烈且充满冒险，缺乏稳定性与家庭生活的色彩。

遇到约书亚时，我追求自由的精神遇到了挑战。在他之内，我看到一个能量极其精微的老灵魂。不仅如此，我还发现，他就是男性能量得以平衡的杰出榜样。他这个人以及他所代表的能量深深地触动了我。他具有仅凭眼睛、声音和自身能量就能够触动他人的能力。因他的存在，我看到了自己以前从未看到的内在黑暗面向。我开始认识到，我对于自由独立的渴望其实也是一种逃避，逃避与他人的接近，害怕受伤害。我在自己周围建起防御墙，这带给我“一切皆在掌控之中”的感觉。然而，约书亚的灵性深度与智慧深深地打动了我，我决定要直面自己内在的黑暗面向，不再否认心中的恐惧。

我与约书亚相爱了，这永远地改变了我的人生。我全心全意地、忠诚地伴随着他，不过这种忠诚中没有一丝一毫的屈从或盲从。我真切地感受到他内在那充满智慧与慈悲的宇宙火焰，我愿意为他全心全意地投入自己。为此，我也付出了巨大的代价，因为我再也不能愚弄自己说自己是自由无束的。我是他的亲密爱人，这对我来说意味着我与他在个人层面上紧密地连结在一起，作为生活在地球实相中的女性，我深爱着他，想要照顾他，保护他远离危险。

他去世后，我感觉自己也被击垮。我空虚憔悴，身心俱疲，不想再活下去。那时，我不得不督促自己，让自己明白我必须要重新构建自己的生活，而且我内在也携带着约书亚所传播的光。他所传播的爱与慈悲的能量并非他所独有，而是来自于某一个充满光与智慧的宇宙源头。约书亚与这一宇宙光场有着紧密的连结，而且他也激活了身边那些对此持开放态度的人与此的连结。我必须要学着加强自己与这一光场的连结，从而不再依赖约书亚的陪伴。这一过程异常艰难，因失去挚爱之人而哀痛悲伤是人们的自然反应。在地球生活中，对于生活伴侣而言，常伴左右是不可或缺的。当时，我备感孤独与绝望。尽管如此，我最终还是找回了自身的力量，并带着臣服与信任的意识觉知度过了人生的最后阶段。

在这一阶段，我自己也成为了导师。因自身的种种经历，我于内在对那充满智慧的宇宙源头敞开了自己。它并不仅仅能够带给我安慰，我发现他人也能够从中受益。我将自己的感受与洞见写下来，并将它们分享给少数“有耳能听”的人。那段时间，我只能暗中修习，隐蔽地与他人分享自己的洞见。也因此，我再一次成为“被禁的女性”。首次“被禁”是在我年轻的时候，那时我不肯受缚于婚姻，第二次“被禁”则是因相悖于既有宗教体系的新修习方式。

“被禁”对我产生了严重的影响。社会的拒绝与排斥会影响一个人对自己的看法。即便此人既坚强又独立，也可能会于内心深处产生怀疑，怀疑自己是否真的“怪异”，是否真的不如他人。因此，出于自我保护，我有时会表现得相当强硬或高傲。我对社会道义颇有微词，认为它既懦弱又伪善，然而在我的内在深处，却蛰伏着被拒之痛。遇到约书亚，并开始认真地觉察这些内在过程之后，我渐渐地不再关注与介意来自社会的评判。当我作为一位中年女性，只身四处游讲之时，来自外界的恼怒已经影响不到我。我不再受其制约，不再有自我怀疑。我已经能够接纳自己，依循自己的真实本性而行。

如今，女性的权益远大于你所生活的那个时期。而且，人们对于“作为女性该如何做”的看法也发生了变化。在较为进步的社会中，女性能量与男性能量的地位是平等的。那么，现在还依然存在“被禁的女性”吗？

和我生活的时期相比，现在的确已经发生了巨大的变化，可以说取得了很大的进步。女性有权自由决定自己想要如何生活，是否结婚，是否生子，是否工作。这一巨大成就对人类的整体进步产生了深远的影响。尽管无论在社会还是政治层面上，女性都能够在很大范围内彰显自己，但是，依然有许多女性在与内在的痛苦或创伤做斗争，这些伤痛阻碍了她们在生活中真正地获得充实。如今，外在的阻碍日渐减少，她们开始遇到内在的阻碍，但这些障碍仅能借由内在之路来消除。

这些内在障碍与内在深处的无价值感有着密切的关系。导致此无价值感的原因之一便是长久以来女性所受到的压制。至今，每个女性依然受其影响，尽管她们之中的有些人并没有意识到这一点。正如既存在生理层面上的基因，也存在着能量层面上的基因。你们出生在远比你们古老的文化与社会环境中，且在这样的能量氛围中长大。此外，很多人也曾生活在男女极不平等的地方与年代，不仅如此，他们还分别作为男性与女性，从两个不同的面向体验过这一点。也就是说，你们身上浸透了来自过去的能量，与此同时，你们在这里也是为了传播新的能量。你们之内那“被禁的女性”便是若干世纪以来不可以展现自己，在性、创造性与灵性等领域必须隐藏自身力量与独创性的女性。这些精神与情绪上的压制与摧残导致的后果是，时至今日，女性依然缺乏自我意识，对她们来说，运用自身的男性能量依然是禁忌。女性在占据属于自己的一席之地、接受而非给予、说“不”、为自己挺身而出等方面依然缺乏自信。男性能量会设定界限，以自我为本位，敢于特立独行，女性需要这一能量以获得平衡，成为自己人生的创造者。

女性需要男性能量来疗愈自身的内在创伤？这听起来有些吊诡（因为女性的创伤正是由于受到了男性的压制）。

是的，为了看清这一点，重要的是意识到每个人在本质上既携有男性能量又携有女性能量。比如，在肉体层面上，你是一位女性，这也影响了你的思维与行为方式，然而，在本质层面上，你是一个灵魂。灵魂可以选择是轮回为男性或是女性。灵魂本身是自由的，在体验与实践过程中，既可运用男性能量，亦可运用女性能量。让人们相信男性只拥有男性能量，女性只拥有女性能量，其实是一种压制。如果人们真的相信这一点，就相当于是给自己“截肢”。事实上也确实如此。若干世纪以来，女性被迫认同于自己的女性身份，而用于定义“女性身份”的词汇则往往是伴侣和母亲，而且还与“不理智”“情绪化”等特性联系在一起，这与“理智”“意志坚强”等男性品质恰恰相反。不仅如此，男性也被迫穿上了束身衣，他们必须做一个“真男人”，也就是说，压抑自身的情绪，关闭心扉，在某些领域中，甚至不是在他们自己选择的领域里做出斐然的成绩。

对“男性品质”与“女性品质”的片面定义，迫使人们去扮演这样的角色，无论在男性还是女性身上，都造成了内在的创伤。因此，倘若我说对于女性而言，拥抱自身的男性能量是至关重要的，我的意思其实是女性要与自己的内在建立更紧密的连结。每个人都同时拥有这两种能量，而且，为了能够在地球上全然彰显自己，这两种能量都是不可或缺的。她们必须将自己从有限的定义与角色中解放出来，全然拥抱自己的个体性。

同样，男性则需要女性能量于内在疗愈自己的情绪创伤。只有当他们真正觉得接纳自身的感受与同理心亦即自身的女性能量本就无可厚非时，才能重新敞开心扉。和女性一样，男性也被阻碍与自己的内在建立连结。事实上，人类历史上最为严酷的压制就是对内在的压制，而内在本是人格的原点，是男性与女性的源头，是可以探索一切的自由个体，是超越世间一切权力与力量的神圣出发点。

地球实相中的掌权者不爱内在。与自己的内在建立连结的人，会遵从自己的意愿，且意志坚如磐石。被社会排斥的恐惧和肉身死亡的恐惧对他们的影响也变得越来越小。他们挣脱外在权威的束缚，聆听内在的声音。这对于建基于权力与掌控的权威而言具有相当大的破坏性。宗教权威、社会权威以及在婚姻、家庭、教育、科学等领域中权力的行使，都是借助被压制人的恐惧而进行的。如果一个人能够破坏人们的自我认知，削弱人们的自信，那么相对而言，他很快就能够掌控这些人。而与内在的连结则会帮助人们冲破虚假的自我认知。无论男性还是女性都如此。

也就是说，同样还存在着“被禁的男性”？

确实如此。因你们身处在建基于权力与压制的体系，男性在情绪层面上也同样备受创伤。年少时期，一些品质在男孩身上就遭到了禁止，比如展示自身的脆弱、表述自己的感受、哭泣、显露情绪或者在某些方面出类拔萃，等等；而如果女孩子这样做的话，却被看作是非常自然、天经地义的事情。长期以来，男性在从心而行方面备受打击，迄今为止，这种打击并未完全消失。心被看作是“感性”的根源，头脑则被看作是“理性”的基座。一个“真正的男人”不会被情绪牵着鼻子走，也不会冲动行事、多愁善感，而是会跟随自己的头脑，理智地思考，做出正确的决定。这就是社会树立的传统男性形象，从中你可以看出，心首先被以“感性”为由取消资格，接下来，又被与“男性最好远离”的女性能量紧紧地联系在一起。就是说，先设置限制性的定义，然后，再将这些定义灌输给男性或女性，使他们不仅依之行事，还使他们认为自己根本无法超越这些定义所设定的框架。比如，“女性本就比男性情绪化，因此更加不可捉摸，更加冲动任性。”“男性生性理智，因此更加善于思考并做出决定”等。

事实上，将头脑与心对立起来，这本身就是不对的。头脑确实是思维的基座，但是，心是爱与慈悲的基座。爱与慈悲并非情绪上的冲动，而是某种形式的亘古智慧。一颗进化的心根本不是难以捉摸、多愁善感或者冲动任性的。它坚不可摧，能够抵达头脑根本无法理解的真相。现在你明白为什么在人类漫漫历史长河中，对心的定义已经如此扭曲了吗？

男性集体能量所遭受的创伤位于心部，女性创伤则在腹部，她们被夺去自信，难以为自己挺身而出，占据属于自己的一席之地。就这一点而言，男性的能力相对较强。然而，他们却感到难以敞开心扉，让感受流动。这对他们来说几乎是“违背天性”之事，这是“禁区”，因为展露情绪会使人显得脆弱，被他人欺负。在男性意识中存在着一个观念，人与人之间，尤其是男性之间，永远存在着战争，你自始至终都得竞争，都要表现出“人生就在自己的掌控之中，必要时完全能够保护自己”的样子。此防卫意识阻碍了你与他人建立真正的连结。想要建立这样的连结，就要先推倒这道防御墙。只有展现出自己的人性，展现出自己心中的疑问与犹疑，才能真正地与对方连结。只有投入其中，允许自己被触动，才能够与他人进行真正的沟通，亦即，想要与对方建立真正的连结，就要先放下掌控。然而，男性对此心有障碍，因为他们受到的熏陶恰恰是，具有掌控力的男人才是优秀、有吸引力、令人羡慕的男人，而允许自己的心被触动，是具有极大的风险性的。

此思想所导致的结果是，“成功且受欢迎”的男性往往与“心扉紧闭”联系在一起。人们觉得关闭心扉会使自己变得强大与安全，而为此所付出的代价则是缺乏感受，没有一点活泼和生气，缺少亲密的沟通。生命再也无法借由感受、灵感与直觉自发地流经你，因为你的头脑挡在中间，被设置了障碍。你的头脑试图掌控一切，一直这样下去的话，最终，你都不用再压抑自己的感受，因为你已经没有感受。而且以这种方式锁上心扉，亦可能会疏离生命本身，对其感到陌生。“无感”并非小问题，这说明你与自己的内在缺乏连结。这对那些认同于自己的头脑、试图借由逻辑思维来掌控人生的男性来说更是一种威胁。他们于内在感到孤独，缺乏与自己和他人的接触与沟通。如果一个人长期缺乏内在的滋育与启迪，其言行举止就会越来越像一个“没有灵魂的人”。

你的意思是说，如今遍布这个世界的暴力行为，比如战争、对女性的压制、对自然的破坏等，都是因为男性的“封闭之心”？

是的，在很大程度上确实如此。与内在缺乏连结的话，男性会因此而倾向于暴力，女性则会充满无力感。当然并非总是这样，只能说是经常如此。大规模的战争，残酷的暴力，慈悲与同理心的缺乏，深刻的恨，激烈的纷争，这些往往源自“封闭之心”。争斗心、不信任及缺乏沟通很容易产生攻击性，而如果以心灵为出发点的话，则会创造完全不同的局面。不过，首先你要认识到，心是智慧的源泉，它能在对立的双方之间筑起桥梁。基于恐惧与控制欲的头脑并不智慧，最终，人类只有借助来自心灵的智慧与灵感才能解决地球上的各种重大问题。

因此，男性必须要重新敞开心扉，女性则必须重新拿回自己的力量？

是的。这也会使男性与女性在个人生活中获得幸福。接纳自身女性能量的男性会成为更有自我觉知、充满爱且强而有力的男性，而接纳自身男性能量的女性则会成为更有自我觉知、充满爱且强而有力的女性。这样会使两性之间的关系变得更加深入，更加充满喜悦。这时，双方之间的爱是真正的“灵魂对灵魂”的爱。由此，人们能够放下对性别和角色的刻板印象，以自己独特的方式彰显其内心的声音。只有灵魂进入人类的内在感受层面，才会有真正的改变发生，包括个人生活、与他人的关系以及社会和集体关系上的改变。

女性能量的复苏能够对此产生什么样的影响？

如今这一时期，众多女性纷纷踏上了灵性觉醒之路。她们感受到了另一种生活方式的必要性，亦即从自身的感受、热忱以及与他人的连结中获得灵感与启迪。相较于以成功人士的身份独自站在聚光灯下，与他人在一起更使女性感到快乐。与他人连结并借此体验快乐、爱与超越是她们的天性。此处，超越的意思就是感受到自己是某一更大整体的一部分，并从中汲取喜悦。你并非放弃自己，而是获得成长。在此连结中，你为其增添可弥足珍贵的“一砖一瓦”，并因“被认知”与“被看到”而获得灵感与喜悦。

灵性觉醒的女性并不仅仅忙于“生存”，而是想要从生活中真正获得收获，并试着凭借此方式与社会以及周遭的人互动。她们寻找意义，寻找能够真正感受到的人生意义。此意义并不取决于外在世界的伴侣、工作、住房或家庭，而只在于内在的体验，体验到与这些事物之间的连结，体验到自己与家庭、住房、领导或者其他任何触动你、使你感到惊奇、为你带来启迪与灵感的事物之间的互动。

就这个世界的整体觉醒而言，女性对于建立深度连结的渴望以及这方面的能力是至关重要的。她们对“真诚开放的沟通”的渴望为这个世界必须做出的改变奠定了基础。内在成熟的女性与伴侣、子女、朋友及同事建立深刻、热诚、富有意义的关系的能力在此过程中起着决定性的作用。

为什么女性的连结能力是至关重要的呢?

因为在这个世界上，几乎所有的问题都是由“被扭曲的关系”引起的。“不理解”甚至是“根本不想理解”与自己思想不同的人（比如肤色、文化或信仰不同的人），这是女性能量不够发达的表现。敌意、轻易评判他人、死守自己的思想观念（无论是否与信仰有关）则是缺乏新奇感与开放之心，缺乏站在他人立场思考问题的表现。

同理心和站在他人的处境换位思考是成长到一定程度的灵魂所拥有的美德。如果你不愿意换位思考，不愿对他人的感受持开放态度，那么，真正的沟通是不可能实现的。因此，你也无法与对方在感受层面上建立连结。真正的沟通会在人们之间创造一个能量场，如果在场的人皆敞开自己的话，会创造伟大的突破。彼此敞开心扉，建立灵魂层面上的沟通，参与的各方都会因此而受益。在更大的规模上，比如在工作上，创造诸如此类的连结场也是重中之重。缺乏此能量场的言行无异于对牛弹琴，对方根本不会接受。倘若对方感觉自己并没有“被看到”的话，主导其行为的将是自身的防御机制与防护面具。如果并未对对方敞开心灵，就会在“抗争的自我”层面上运作。这种情况下，尽管你们在表面上能够让谈话进行下去，甚至能够就某一问题达成共识，然而如若缺乏“真切的连结感”，从唇间流出的也大多是空话。这个世界上，这种表面上的交流太多了，毫无连结感的泛泛之谈甚至成了再平常不过的事。对于与他人交谈时感受真正的连结或者真正的情绪，许多人都持逃避的态度。

如今这个世界上，众多问题的背后原因，是否就是“没有真正的连结”，亦即女性能量的缺乏？

是的。你可以在三个层面上建立连结。一是与你自己，二是与他人，三是与自然。与自己的连结是其他一切连结的基础。与自己的连结意味着全然地接纳本然的自己。你认为自己值得被认真地对待，值得被聆听。你对自己有着基本的爱，纵使你并不完美，有着负面的情绪与想法，这一“基本之爱”也会助你于内在深处接纳与拥抱自己，你愿意真正地了解这些负面情绪或想法从何而来，又可以如何疗愈。拥有自我尊重基础的你，会自然而然地以一颗充满理解的心对待他人。若你能够真正深入自己的内在，对自己的人性深刻理解，你看待他人的目光自然会变得温柔。你会变得越来越深刻，目光越来越宽广，也不再轻易评判他人。如此这般，在与他人交往的过程中，放下虚伪与做作，对彼此的感受持开放态度的可能性就越大。这会极大地丰富你与对方的关系，你也会透过真正的连结所带给你的喜悦认识到这一点。这也同样适用于个人关系以外的关系，比如与同事、子女的老师或商店店员等。对沟通与连结持开放的态度，这是最基本的。因此，你将自己遇到的每一个人都看作是一个完整的个体，而非仅仅是在你生活中扮演某一角色的某个人。

与自己真正且真诚地连结不仅会助你与他人建立更加开放的关系，也会助你与自然、与非人类的生命体、与地球、与你自己的身体建立更加亲密的连结。爱会开启你的内在之眼，借由对自己说“是”，你不仅对流经自己的生命敞开心扉，也会同时对外在的生命敞开心扉。你在他人之内以及自然之中认出同样的生命之流，即使动物并不同于人类，更别说一盆植物或一棵树，但你在它们之内看到了也同样闪耀在你之内的火花。基于自爱的生活使你对存在的本质精髓敞开，感受那流经所有生命体包括人类与非人类的意识与生命之流。

一个人如果实现了这三种形式的连结，就几乎不再可能施展暴力。此人或许会掉入恐惧的陷阱，并因此而暂时将自己封闭起来，进入防御的状态。然而，一旦其心灵中心敞开，便迟早都会回到自己曾已抵达的层面——敞开的层面。泛泛而言，暴力是因为心灵尚未敞开，缺乏对自己最基本的爱，在你心中常驻的则是自我评判、孤独隔绝的感受以及内在的伤痛。这是因为“缺乏连结”而引起的痛，不过人们并未或者尚未认识到这一点。为了能够承受这种痛，人们可能会去寻找“连结”的替代品，比如迎合某一将所有问题都归罪于他人的理念，坚守和拥护诸如此类的理念会带给你短暂的充实感，使你觉得自己的所作所为非常有意义，但却永远不会带给你真正的连结所能给你的喜悦。你于内在感到空虚，缺少可以真正感受到的生命意义。如果缺乏与自己的真正连结，与他人的关系也只是表面上的，甚至有可能充满敌意，此处隐伏着暴力的种子，针对他人以及针对自然的暴力。

缺乏真正的连结，是暴力与攻击性的背后原因。在此意义上，个人层面与集体层面息息相关。无论对于女性个体还是对于人类整体的发展与进步，疗愈女性创伤都是至关重要的。女性的“连结天赋”应该重新得到尊重与有意识地运用。

缺乏连结，这是否起因于长久以来一直主导人类历史的片面的男性能量？

有一种以恐惧为出发点来运作、渴求权力的男性能量，是它压抑了女性能量，无论在男性还是女性之内都是如此。然而，这一片面的男性能量既是“缺乏连结”的因，又是“缺乏连结”的果。这背后有着更深层次的原因。事实上，在“缺乏连结”与“男性主导”的混合模式之后，隐藏着一个“恐惧的自我”。此“自我”感觉自己与整体是分离的，觉得自己没有得到爱与保护。在人类历史的某一时刻，这一“恐惧的自我”进入了人类社会，开始逐渐主导整个人类。它彰显为专制的男性能量，不仅抵御女性能量，也同样抵御成熟的、充满爱的男性能量。不过，此“恐惧的自我”并不一定只限于男性，它更是一种渗透整个人类，对男性与女性都造成毁灭性影响的能量流。

无论男性能量还是女性能量，都可以在两个不同的层面上运作。一是自我的层面，恐惧为驱动力。二是心灵的层面，爱为驱动力。在自我的层面上，男性能量缺乏感受，带有强制性与攻击性，女性能量则充满无力感、不自由且带有操纵性。女性能量并不一定总是基于心灵、善于连结且充满爱的，女性能量也可能会富有恐惧、抗争与愤恨的色彩。基于自我的女性能量往往彰显为占有欲、嫉妒、怨恨与操纵性。如果男性能量与女性能量均在自我的层面上运作，双方之间就常常会出现抗争与不理解。二者之间不仅不会互助互补，反而会对彼此充满敌意。若二者皆运作于心灵的层面，男性能量会自然而然地成为女性能量的庇护者和富于创造性的伙伴。

你的意思是，人类历史上的暴力行为并不能归因于男性能量，而是居于所有人，也包括女性之内的“恐惧的自我”？

是的。我的意思是，恐惧是两性抗争的根源，也是不平衡的男性能量的根源，此能量在诸多生命领域中都占据着主导地位。恐惧是普遍存在的“缺乏连结”与“封闭之心”的原动力。在男性与女性之内都存在着恐惧。男性的内在恐惧往往彰显为争斗与冲突，女性则是无力感与缺乏自尊。上述两种状况都是频率较低的状态，难以建立与自己、与他人的真正连结，难以接收到来自内在的灵感与启迪。

就是说，在曾经统治我们的传统体系中，无论男性还是女性，心之能量都遭到了压制？

是的。而你们这一时期所面临的挑战是，将这两种能量都转化为心之能量。仅仅宣称“男性能量掌权已久，现在该女性能量获得同等权力了”，这样有些过于简单。这依然是站在自我的层面（权力、抗争）上说话。而事实是，不成熟、受趋于恐惧的男性能量曾经掌握了权力，并为男性和女性带来了创伤。对女性而言，此创伤主要位于腹部以及较低的几个脉轮。也就是说，许多女性的基本纠结在于自我价值、占据属于自己的一席之地以及为自己挺身而出上。泛泛而言，男性的创伤则发生在心灵层面。男性感到难以敞开心灵，难以拥抱自身的情绪与感受，面对自身的脆弱与不确定感使他们感到不安。因此，他们倾向于透过头脑，借由心智来左右与监管人生。然而，紧闭心扉会导致情感上的冷酷与孤离，以及喜悦和灵感的缺失。无论是男性还是女性，都需要疗愈过去的创伤。

若要疗愈女性在情绪与感受层面上的创伤，就必须重新了解男性能量的真正内涵，从而将男性能量看作是支持自己、赋予自己力量的能量。如此这般，她们能够激活自己内在那高频的、基于心灵的男性能量，这会疗愈她们腹部的创伤。男性则与此相反。为了疗愈自身的心灵创伤，就必须为女性能量重树温柔、充满爱的形象，并于自己的内在看到这一高频能量。换言之，无论男性还是女性，只有重新认知男性与女性能量，才能够获得真正的疗愈。

之后我会重新提起二者的区别，现在你能不能大概总结一下这本书的主要内容？

这本书中，我想讨论女性如何疗愈自己的内在创伤，如何唤醒内在的“被禁的女性”。我想让她们看到，如何调解内在的男性与女性能量，从而提高自我价值感，改善与他人的关系。此外，我还想说明的是，女性的自我疗愈之路往往不同于男性。男性的创伤与女性不一样，我会探讨“被禁的男性”，以及他们如何才能获得疗愈。我最高的目标在于，将明晰的讯息带给那些追求内在成长，基于心灵的意识觉知，与他人喜悦连结的男性与女性，他们是新时代的先锋。

第二章

受伤的女性

我开始接收你带来的讯息时，你最先讨论的就是女性的“腹部创伤”。你为我们大致描述了女性的能量场，并指出许多女性都没有足够“居于腹部”，感到难以运用自身的力量。许多关注灵性与内在成长的女性往往更倾向于打开更高的几个脉轮，由此而变得更加敏感，更具同理心。然而，你认为，如果腹部有“空洞”的话，这样做会导致失衡与“过度给予”。该“空洞”意味着缺乏坚实的根基，尚未做到脚踏实地地生活，无法全然地与自己同在。你能进一步解释一下吗？

我通过你带给大家讯息，其受众主要是那些关注内在疗愈的女性，那些对内在成长与内在启迪感兴趣、想要解除旧有重负的女性。她们都是哪些人呢？我认为，她们有如下的特点：

＊她们正在经历从自我到心灵的意识转变，不想继续在恐惧的驱动下生活，不想继续强迫自己去迎合社会。她们做抉择时，想要依循内在的指南针——内心的声音。而与此同时，因内心深处对自身智慧与力量的怀疑与不确定，又使她们感到矛盾不已。

＊她们对感受有着深刻的体验，她们敞开了心灵，借由热忱与灵感来探索人生的意义。她们对灵魂的次元，对超越其地球人格的能量持开放态度。她们充满了灵性。

＊她们中的许多人天生直觉很强，具有超感知能力以及强烈的同理心。她们借由形形色色的方式感受到，自己想要帮助或辅导他人，想要击破旧有僵化的思维与感受方式。

＊她们不得不面对的恐惧与怀疑与某一深刻的能量创伤以及灵魂所经受的创伤有关。她们有过向他人展示自己的真实本质，却被粗暴拒绝的体验。“被拒”不仅对她们个人产生了深刻的影响，也严重地影响了她们内在的某些女性品质。她们中的许多人曾运用自己所拥有的直觉天赋，却因此而受

到审判，被判为“女巫”，或者被认定为“怪异”甚至“精神不正常”之人。此外，在与男性的关系中，女性若表现得过于强大与热情，也是不受欢迎的。这些女性与既有体系总有些不合拍，很容易被看作是“野性”与“难对付”的，并因此而遭到评判。依循自己的意愿而行，具有独创性，这样的人得不到欣赏，女性更是如此。另外，在性方面所遭受的屈辱以及被剥夺的力量，也在她们以及所有女性之内造成了痛苦与无力感。所有这一切导致了她们腹部的创伤。

*这一创伤所表现的症状有：不够接地气，缺乏力量与独立性，容易感受到他人的感受，容易与周遭能量融混在一起，容易退回较高的几个脉轮以及感到难以设定界限为自己挺身而出。许多高度敏感的女性对较高的心灵能量——爱、宽容、和谐与合一感感到自在，但她们却往往以牺牲自己为代价。为了回避冲突，她们忽略或屏蔽了自身那些非常人性的需求与界限。她们往往施受不平衡，在关系与工作中施远大于受。一个人若不能坚定地立足于自己的中心——腹部中心，就无法很好地接受自己所需要的一切。这些女性的意识觉知缺乏坚实的锚，她们虽拥有许多天赋与才能，却长期缺

乏自爱。此创伤的核心在于，她们相信本然的自己并不值得被爱、被尊重。

是不是说，这些女性就是约书亚所描述的光之工作者？他说有一群人于内在做出了不再受缚于自我，而是依心而行的决定。这一过程由许多步骤组成，且可能需要多次来达成。他列举了这些人的一些特征，比如想要改变地球实相的集体意识，感觉自己与众不同且高度敏感等。这些女性，你这本书的受众，是否也是这样的光之工作者？

是的。确实是那些有意识地进行从自我到心灵转变的女性。这正是我对“成为光之工作者”的定义。一旦你开始聆听内心的声音，依心而行，为伟大整体付出自己一臂之力的愿望就会随之而生。你想与他人分享自己的内在之光。随着与自身内在之连结的不断加深，你自然会成为一个光之工作者。从这一角度而言，这并不是对某一特定人群的特别召唤。每一个渴望踏上内在之路——自我探索与觉醒的人，随着时间的推移，都会成为光之工作者——想要为改变地球集体意识做出一份贡献的人。

你的意思其实是，女性光之工作者所面对的某一具体问题，亦即腹部的空洞或者说创伤，且并不为男性光之工作者所了解？

男性光之工作者在“做自己，敢于自由地依心而行”方面也会遇到困难，不过泛泛而言，他们的问题并不同于女性，以后我会详细讨论这一点（见第七章）。此外，一些男性光之工作者也在自己身上看到了女性创伤的“症状”。不要忘了，你们所有人都是男性能量与女性能量的混合体，而且也曾经以两种不同的性别分别体验过生命。女性能量很强的男性可能会在前面的描述中看到自己，而男性能量很强的女性则更容易在男性光之工作者所遇到的问题中看到自己。

在你刚刚给出的描述中，我明显看到了自己。刚开始进行传导与解读生命能量场时，我感觉自己就是一个“被禁的女性”。我在大学研读多年，并获取了博士学位。当我决定放弃理论哲学，转而关注自己的灵性兴趣与直觉天赋时，就在很大程度上偏离了既有轨道。后来，当我开始步入公众视线时，诸多旧有恐惧纷纷浮出水面。我害怕受到嘲笑与粗暴

的拒绝，也非常不情愿将自己置于如此脆弱、易受伤害的情境。此外，在助人方面，我费了很大的力气才学会设定界限。刚刚起步的时候，我尤其害怕遭到批评与拒绝。不过事实恰恰相反，许多人都被我所传导的讯息深深地触动了。而我面对涌来的各种求助及其背后的情绪伤痛，却根本不知道该如何保护自己，如何为自己设定界限。我对自己的需求缺乏明确的认知，特别是我并未认识到要尊重与关照自己的需求，其实在内心不情愿时敢于说“不”，这本没有什么不好的。这最终导致了一次深度的危机，我身陷抑郁，甚至精神失常（见我的书《灵魂暗夜》)。从中走出来后，我首次感受到自己的内在之锚或者说内在根基，正在逐渐形成。此根基中含有一种坚定与果断：这就是我，我不想再扮演并非自己的那个人。不断地猜测与迎合他人对我的期望与看法，这使我身心俱疲。我再也不想为自己解释、辩护或者证明什么。那种基本的自我接纳终于出现了：这就是我，是否接受，随你的便。

许多女性也正在经历着你所经历的这个过程。她们踏上了内在成长与觉醒的道路，也因此而与内在建立起越来越深的连结。与此同时，她们对于走出来，偏离主流轨道的恐惧也会浮出水面。灵魂是她们最真实的一部分，它呼吁她们不再受缚于那些相悖于自身愿望与使命的期望与要求。你的灵魂呼唤你以自己独有的方式闪耀自身之光。听到了这一呼唤，就往往意味着要对所有阻碍你真正做自己的人事物说“不”。对你而言，这意味着你 30 岁时告别了学术生涯，进入一个全新的领域。你并不肯定自己能否在这一领域有所建树，或者创造一定的收入，这可谓是临渊一跃。你对不再充实自己的东西说“不”，并脱离了既定的轨道。最初，这会导致混乱与不确定的状态，你不断地尝试各种各样的工作，与此同时也潜心探索灵性与神秘学。在世人眼中，你那时便已经走偏，而从灵魂的角度来看，你则是在目标明确地行动。

我确实有过一些经历，比如一段关系的失败，这让我体验到那种刻骨铭心的感受。我也由此非常清楚地知道，自己并不想继续留在学术界。这对我来说并不是什么艰难的决定，因为在理论哲学领域度过了十年的光阴后，我已经厌倦了那些无聊的话题。不过，我还是完成了博士论文，但心甘

情愿地放弃了在大学继续进行学术研究的前景，尽管如果我愿意，是可以留下来的。

那时，因那段关系的失败，你于内在层面上，正站在深渊的边缘。构成这一深渊的是痛苦、孤独与深度的被遗弃感。你任自己跌入深渊，体验到蚀骨之痛。几个月后，你发现自己其实远大于这一痛苦。也是在那时，你才体验到，有一种意识觉知，它可以没有任何评判地静观这一痛苦。你内在某一更大的意识觉知开始渐渐苏醒，它督促你深入地探索灵性。那时，你开始首次阅读讯息，并深受触动。深渊的底部蛰居着你对于“为人生赋予意义”的强烈需求。理论哲学无法填补此空虚。你开始如饥似渴地寻求知识以及具有实际意义且能够触动你的智慧。由此，你踏上了灵性之路。

就是说这都是因为“失去”的体验？

是的。“失去”的体验使得你走近自己，使你对人生的看法发生了转变。你开始逐渐依循内心的愿望而行，对那些不适合自己的东西说“不”。这可谓是一种重生。每个踏上内在之路的人都会体验到“失去”。若想将与灵魂的连结彰显于日常生活中，你必须先从“虚假的自我”中解放出来。可以说这是一个破茧而出的过程。

那么，这也适用于男性吧？

当然。就你的成长之路而言，典型的女性特性是，你较容易在关系中失去自己，并有一种失去对方就无法生活的感觉。你的腹部之锚松动不稳，你对我所谓的“浪漫的愚蠢”比较敏感，这里我的意思是，天真地希望甚至渴望能够与理想爱人融合在一起，全然地合二为一，却没有意识到，你们双方都是独立的个体，都有自己独特的人生之路。这种对融合的渴望与舍弃自己是密切相关、形影相随的。渴望界限融化，从而能够重获原始的合一感，这其实是一种幼稚的渴望。

这种渴望是不是典型的女性特质？

有些男性也有这种渴望。不过就天性而言，男性能量较为关注自己与他人之间的“区别”。如果你与自身的男性能量有着较好的连结，就会明确地意识到自己与他人之间的界限，并且不会对这些界限感到不自在。男性较难“舍弃”界限去臣服于自身的女性能量。也因此，相对而言，男性比较害怕进入亲密关系，而女性则比较害怕被遗弃。不过，这只是大致的趋势，每个人都有自己独特的色彩。对你来说，你渴望获得一种超越人际界限的“绝对连结”，这在某种意义上会使你付出巨大的代价，因为这使你无法进入平等、人性的亲密关系。

就是说，我缺乏男性能量？

是的，选择了灵魂之路后，你开始接纳与拥抱自身的个性，并开始逐渐认识到，如若你放弃了自己的个性，不为自己挺身而出，对融合的渴望就带有一定的毁灭性。你开始看到自身男性能量的重要性。此外，因在工作上没有足够地设定界限而遭遇严重危机之后，你开始意识到，必须要全然地支持与拥抱自身的个体性。你唯一的选择是，做自己，坚定地做自己，就在此时此刻。自我接纳为你创造了腹部之锚，而这正是你所需要的。

我想，我以前之所以不愿放弃对（亲密关系）融合的渴

望，是因为我以为取而代之的将是孤独与无意义。现在我才意识到，作为一个独立、独特的个体这是件好事。接纳了这一点，反而会获得内心的宁静，并体验到与更大整体之间的神秘连结。这种合一体验，其特征往往是惊奇以及轻盈柔和的愉悦感，而非“浪漫的愚蠢”所带来的那种激烈狂热、令人着迷的感受。

这二者之间有着很大的区别。如果你的腹部之锚坚实稳固，所谓的合一体验就是，你感到“与自己同在”和“与一切万有连结在一起”其实是一样的。你与伟大整体之间的区别也已不再，这使你感到宁静与喜悦。其实这才是你所寻求的“连结”。这种连结不会使你偏离自己，也不会让你违背或忽略自身的需求。这一连结为你的人生带来意义与充实，即便你并没有与他人在一起，也不会感到孤独。概括地说，对于女性而言，回归自己，与自己同在是与自己的灵魂建立连结的关键之匙。为自己创造空间，不再在关系中过度地缚住（甚至失去）自己，这是典型的女性任务。

嗯，我明白。再回头看一下你之前提到的女性创伤，概括地说，就是缺乏自我意识，缺乏力量、独立性与自我价值感。这是因为女性能量在过去所受到的威胁与压制，使得她们在关系中过度地给予，甚至失去了自己。

我还想补充一点，女性创伤也可能会导致关系中带有操纵性与索取性的行为。一旦你依赖男性伴侣带给你良好的感觉，就会想要以某种方式将其拴在自己身边。与对方连结，为对方付出，二者之后皆隐藏着其他的意图。“不要离开我”以及“你要随时陪伴我”皆是背后的动机，甚至是颇具强迫性的要求，这展示了女性能量的阴影面向。如果一位女性认同自己的能量创伤，并在某种程度上沉没其中，不负起照顾自己、疗愈自己的责任，就会出现这种情况。在后续章节中我会继续讨论这一问题，因为对于女性来说，认知自身的阴影面向是至关重要的，但首先我想先讨论一下两种不同的男性能量。一种是以自我为出发点，注重掌控及统御的男性能量；另一种则是基于心灵、强而有力、充满爱、富于创造性的男性能量。准确地描述与认知这一能量具有极强的重要性，无论对于女性还是男性都如此。

第三章

男性心灵能量

如何描述基于心灵的男性能量？高频、成熟的男性能量又是什么样子的呢？

就本质而言，男性能量是外向型的，关注于外在的显化。其运动方向是自内向外的。在显化过程中，男性能量能够展示其力量。这是让他人看到自己，进入公众视线，从暗处走向光明的力量。这就像是临渊一跃，正如胎儿从子宫的保护中脱离而出。这一显化行动需要勇气、胆量与冒险精神。跟随自身男性能量的你，孤身前行。你放下了已熟悉与信赖的既有保护，自由地去创造和发现新事物。追求自由，为自己拓宽道路，脱颖而出、创新，这是男性能量的特性。抵抗现有秩序、叛逆、不俯首帖耳，这些都是创新与脱离旧有能量所需要的品质。男性能量中蕴藏着扩展的冲动，以及探索边界并冲出边界的愿望，自由精神、好奇与无畏都是男性能量的天性。

男性能量是所有创造过程中不可或缺的一个面向。代表内在世界的女性能量，会为男性能量带来灵感与启迪。比如一位画家（画家既可能是男性也可能是女性，不过此处我们以男性画家为例），他在大自然中静静地散步，体验着林中的纯净与和谐，任身边人的音容笑貌浮现在自己的脑海中，深刻地感受着其面容与身形。这便是他内在的女性能量，此能量具有同理心，能够透过外表看入内在，与一切生命体的内在本质建立连结。林中的体验与感受为画家带来了灵感，他举起画笔。此时，他从敞开、吸收的敏锐状态进入了专注、目标明确的向外运动的状态。聚敛于内在的东西此刻要彰显出来，彰显为独特的形式，一种属于他的形式。内在的创造力凝聚在一起，他将自己的内在结晶释放出来。借由表达与彰显自己，他作为一个独立的个体越众而出。与此同时，他也展示出一种超越自己的特质，亦即优秀艺术品所展现出来的宇宙性或整体人性。艺术家们通过自己创作的艺术品将自己与人类整体连结在一起，同时展示出自己的个体性。在创造的过程中，男性能量与女性能量自始至终都在合作与共舞。

每一项创造都要求两性能量之间的紧密合作。如果男性能量过于占主导，创造会变得“没有灵魂”，不会唤起人们内心的感动、情感或爱，消费品的大批量生产就是一个例子。如果女性能量过于占主导，创造则难以完全得到实现，它往往滞留在梦想或愿望阶段，或者一直处于模糊、不明显、无法跃然而出的状态。对于任何一个创造过程而言，两性能量都是不可或缺的，也因此，在每个人之内，两性能量的平衡都是至关重要的。

如今，在一些灵性进步团体中，男性能量仿佛成了一种禁忌。男性能量在过去曾以颇具攻击性的方式施展影响——一种充满压制性的、对女性不友好的暴力方式。这些历史痕迹仍未消除。时至今日，这一与女性能量严重脱节的男性能量依然在展现自己。恐怖行为就是这一能量的极端表现。此外，金融界的一些不良现象也显示出一种日渐疏离的、极度孤独的男性能量，它与生命和感受皆失去了连结。尽管如此，在某一更深的层面上，正在发生着转变，人们的观念也正在发生改变。在人们眼中，那种一切皆在掌控之中的“强势男人形象”变得越来越不真实，仿佛这只是掩盖内在贫乏的一副面具。当今文化中，在年轻一代的影响下，这一平面、冷血的男性形象不再受人青睐，另一种男性形象则逐渐变得清晰，敏感与同理心是这一形象的重要特质。但是，人们对于男子气概的内涵暂时还是充满了迷惑与误解。

人们开始对男性能量产生怀疑，尤其是关注连结、交融与调和的灵性圈。男性能量往往被与“主宰”“攻击”以及“服从”联系在一起。当代社会中，这一旧有的男性能量不再受到青睐，甚至在较为“坚硬”的领域，比如商业企业与医疗界，人们也开始宣扬与提倡平等、同理心以及扁平化管理等比较柔和的品质。权威与等级制度不得不让位于合作与充满尊重的沟通。毋庸置疑，此发展是积极正向的，会导致两性之间的日益平衡。不过，在某些领域也存在着走向另一个极端的危险，亦即过高地估计女性能量，相对贬低男性能量。行动力、设定界限以及展现自己的不同，这些品质几乎被贴上了“内在攻击性”的标签。然而，对于那些女性能量得到充分发展、心灵敞开的人而言，有意识地运用自身的男性能量是不可或缺的。

颇具悖论性的是，这一时期，在人们眼中，女性能量对于所有的过程，比如关系、合作与创造等，都越来越重要，越来越有价值。然而，只有在与成熟、平衡的男性能量建立连结的情况下，女性能量才能够真正地彰显出新的合作形式与生活方式。女性能量专注于连结、同理心以及开放的沟通，具有“合一感”这一更高频的振动。合一感就是了知我们大家都是一体的，因为我们都来自同一个源头。在这个不和谐、充满愤恨且缺乏宽容的世界中，这一能量倍受欢迎。然而，这一基于心灵的女性能量，在一个缺乏“成熟地、很自然地补充它并使它变得完整的男性能量”的社会中，是难以盛放的。不仅如此，女性能量也无法在一个仅仅关注同理心与连结，却压抑或拒绝自身男性能量的个体中全然地绽放。

仅仅透过基于心灵的女性能量来彰显自己，与此同时否认或压制自身的男性能量，这样做又会怎样呢？你会失去自己。男性能量助你立足于自己的内在中心，成为一个有界限的“我”，你不仅与他人连结，也能够放下对方，接纳与拥抱自身的个体性与独自性。在女性能量过于占主导的关系中，你会倾向于合一与融合。男性能量会使你认识到，你本身就是一个合一的整体，这对你处理与他人之间的关系大有裨益。能够互相充实、互相丰盛的关系正介于做自己（男性能量）与超越自己（女性能量）之间。

为什么如今高度敏感获得了如此多的关注？越来越多的人因高度敏感而颇感烦恼，许多儿童也因高度敏感以及缺乏能量界限而表现出种种失衡的行为。因为这些人的女性能量得到了很好的发展——心轮也已敞开，不过却未真正地运用自身的男性能量说“不”并保护自己的能力。为什么呢？男性能量在某些人眼中成了禁忌。而采取有力的措施，为自己挺身而出被看作是“负面的”。人们并不太了解真正的男性能量到底是什么，该如何以平衡、成熟的方式运用这一能量。

成熟且基于心灵的男性能量与女性能量有着全然的连结。男性能量所代表的是每个人、每个生物都有的那种积极主动、向外彰显自己的面向。这是每一项创造都必不可少的面向，也是对女性能量的易感面向——向内且充满同理心——的自然补充。男性能量与女性能量是完全平等的，二者共同组成了一个完整的整体。女性能量并不比男性能量弱，男性能量也不一定就是基于自我的。受造界中存在着两种不同的运动：走向合一的运动（超越自己的个体性）与走向多样性的运动（全然地接纳与彰显自己的个体性）。二者都是好的、有价值的。在通往合一的运动中，我们能够体验与他人之间的连结，以及由此而获得的喜悦。在通往个体性的运动中，我们能够体验自己的个性以及由此而来的创造性。在灵性圈中，通往合一的运动往往被看作是唯一有价值的运动，且大受欢迎。可是，在通往个体性的男性运动背后，却蕴藏着不可思议的力量、深化与丰盛，它是创造的驱动力。

拥抱并运用基于心灵的男性能量是至关重要的，对于那些心轮敞开、高度敏感且关注灵性内在成长的女性更是如此。许多女性心中依然存在着对男性能量的旧有敌意，有关性虐待、侮辱以及遭受不平等对待的记忆依然深埋在她们心中。这些记忆既可能来自于今生，也可能来自前世。它们不仅存在于你们之内，也存在于女性集体意识之中，持续不断地影响着每一个人。这些记忆与伤疤使得你不信任男性与男性能量，就仿佛你心中默默地认为，如果你对男性能量敞开自己，展示自己的脆弱，就会遭遇“信任被辜负”的情形。因为不想旧伤再添新痕，你将自己的一部分封闭起来。这就是你的腹部，现在许多女性都不再“居于腹部”，因为她们早已从那里撤离。

不信任男性能量并与之隔绝，这样做所导致的后果是，你不仅对与男性的关系感到失望，也对与自己的关系感到失望。如若不与自己内在的男性能量合作与共舞，就会压抑自身的力量。你否认创造以及你内在的一个重要面向，这使你变得不完整，容易受伤，且对与男性之间的不平衡关系比较敏感。你所吸引来的亲密关系也会映射出你与男性能量之间的关系，往往存在强烈的吸引与排斥之间的动荡转换，缺乏安全感。

对于女性来说，运用自身的力量意味着拥抱自己的个体性，保护自己的心灵能量，平衡地施与受。已疗愈的女性是拥有自我觉知、独立的女性，她能够去爱，且不否定自己。她在与伴侣、子女、朋友或同事的关系中，享受爱与连结。与此同时，她也在与自己的关系中，在发展自身独特天赋及才能的过程中，在接纳丰盛、创造自己人生的过程中，发自内心地享受。一个拥有自我觉知的女性不会不信任男性能量，她知道这也是自己的一部分，且会运用这一能量。因此，她并不会在情感上依赖自己的男性伴侣。她是一位女性，与此同时，也是一个灵魂。灵魂既拥有男性能量，也拥有女性能量。借由与灵魂建立连结，你会知晓，你远大于“女性”或“男性”的身份，你能够做出抉择，带着力量与自我觉知投入“此生为女”的人生游戏中。

第四章

女性能量的阴影面向

男性能量与女性能量，二者皆具有基于自我以及基于心灵的形式。我们已经讨论和比较过充满压制与攻击性的男性能量与充满爱、基于心灵的男性能量，二者之间有着明显的区别。可是，就女性能量而言，我们只是讨论了同理心、敏感性、连结性以及合一意识等品质，这是基于心灵的女性能量。那么，女性能量的阴影面向，基于自我的女性能量又是什么样的呢？

以“恐惧的自我”为出发点来彰显自己，在这一点上，女性能量无异于男性能量。男性能量的阴影面向已被人们熟知，不仅如此，人们可能会因此而形成一种印象，亦即女性能量仅仅是受害者，它主要代表着光明的品质。然而，正如男性能量并不一定就是强硬、充满斗争性且注重掌控的，女性能量也不一定仅仅等同于爱、敏感和同理心，女性能量也存在着基于恐惧与占有欲的形式。

女性能量对男性施展权力的主要方式是试图占有男性的能量。在精神上缺乏自我觉知与自我价值的女性，渴望拥有一个能为自己提供生命能量的男性伴侣。在她之内有一个空洞，一种不断唤醒其内在恐惧的软弱与被动性。她想要用充满力量、生命活力与创造性的能量来填补此空洞。她感觉自己需要一位男性来使自己变得完整。事实上，依靠自己的力量成为一个完整的“我”，一个独立、自由、富于创造性的个体，这本是她的内在使命。然而，与此同时，她却害怕想要诞生于内在的巨大力量。因为，如若任其诞生，她必须先于内在剪断与更大整体，与“宇宙子宫”——她觉得自己曾生活在其温暖的呵护之中——的“脐带”。可是，她暂时还不想这样做。

让我解释一下“宇宙子宫”这个表达方式。子宫代表着全然的安全感与无界限。这种状态有其物质性的一面，就在你呱呱坠地之前，除此以外，还存在着“宇宙子宫”，你的灵魂正来自它。当你作为个体被创造出来时，你脱离了一个整体、一座温床。你曾经与它融合在一起，理所当然地享受着它温暖的怀抱。作为独立的个体出生之时，你便经受了这一原始的创痛。你的男性面向正是你内在富于冒险精神、勇于向前并促成出生的那一部分，它想要体验与探索“个体性”。你的女性面向则是你内在努力保持与一切万有、与源头连结的那一部分。它感到难以放下这一切。你所经历的宇宙初生之痛主要依附在女性面向上，如今它彰显为归家的渴望、扬升的需求和对融入某一更大整体的渴求。男性能量更加以自我为中心，更能接受与源头的分离。分离本身就是一段极具价值的旅程，它有助于内在的成长，在这一过程中，他们能够拓展边界，体验自由。

在灵魂的整个旅途中，两性能量的贡献是同等重要的。追求自由与个体性的男性能量与追求扬升与合一的女性能量这两极，使得宇宙的创造成为可能，二者缺一不可。如果它们能够处于平衡状态，人生便是一场“一体性”与“个人性”的灵性共舞，是“安全感”与“冒险性”的完美结合。不过，事实上，女性能量因宇宙初生之痛而受到创伤，男性能量则在“以自我为中心的分离之旅”中走得很远，失去了与源头的连结。男性能量与女性能量彼此疏离，且为后来播下了两性争战的种子。

此处，我讨论的是作为“原型”的女性能量与男性能量。作为灵魂，你们同时拥有这两种能量，也就是说，既是“男性”又是“女性”。你们既携有创造性的、关注自我的男性能量，又携有连结性的、关注合一的女性能量。不过，如果你是男性，就更容易对男性能量感到熟悉与自然。而如果你是一位女性，便更容易把女性能量当作自己的出发点。然而，在核心层面上，你于自己的内在以及与异性的关系中所体验到的，正是两性能量的疏离以及二者之间的争斗。在漫长的发展历程中，你并不仅仅代表其中的一种极性，二者皆在你之内。

你提到个体出生时经历了宇宙初生之痛，那么，这一创痛是发生在过去呢，还是每一个个体出生之时，都会重复地出现？

它会一直重复地出现，直到成人在注重合一的女性能量和注重多样性的男性能量之间建立起平衡与和谐。一旦大多数成人于内在建立起这一平衡，新的“原型”就会出现，男性能量与女性能量也能够在更多的个体之内，以更加和谐的方式运作。这样才能够减弱并最终消除初生之痛。这是一场运动，是大规模集体能量的进步。两性能量向心灵层面的转化，是宏大的宇宙进程，仅仅透过一两次人生体验是无法理解这一点的。

两性能量之间的抗争有着非常悠久的历史，甚至和“创造”一样久远？

实际上，用“始”和“终”这样的词汇来谈论“创造”是不恰当的。上帝、源头，是无始无终的。时间与空间皆是幻相。也就是说，为了适应你们的线性思维，我的描述其实已经非常简单化了。

灵魂是永恒的吗？是否有始终？灵魂出生后，也会死亡吗？还是永恒地存在？

看看你自己，成人的你，看看你在生命中日益形成的性格，以及日积月累的经验。现在的你在婴儿时期便已存在了吗？你对此的回答是什么呢？“不，还不存在”抑或“是的，已经作为潜能或可能性存在于婴儿之中”？

关于自己的灵魂，你也可以提出同样的问题。我所描述的“灵魂出生”给人一种感觉，仿佛有一个“明确的个体”诞生，然而事实上，这一“出生”是某一潜能的觉醒、某一可能性的萌芽。这一潜能与可能性在出生前便已存在，正如你的成人人格已经蕴藏在婴儿之内一样。从更大的宇宙视角来看，出生与死亡是带来动态变化与成长的连续流动。你一次次地出生，以形形色色的形式，在众多不同的意识层面上。贯穿所有动态变化的是永恒不变的一切万有——源头。你就是源头，从未与其分离，就是说，你之内携有一股永恒的、超越生死的能量。尽管如此，我还是讨论了灵魂的出生，因为这是你作为源头的一个意识粒子成长之路上的里程碑。“灵魂的出生”意味着在一朵意识火花出现的那一刻，它便开始觉察到自己的存在，并且想要探索与认知自己。一切万有“一分为二”，而与此同时却依然保持着“一”的状态。存在之神秘亦蕴含其中，任何时候都有永恒不变的存在，任何时候都有正在变化的存在。

不过，我并不想过于抽象地描述这一切，而是希望能够尽量详细、具体地讨论你们作为人类所经历的内在觉醒之路。我们主要关注改变、成长与进步。那么，自然而然地就要涉及时间。这样的话，确实可以说两性能量之间的抗争或疏远已有悠久的历史，这属于灵魂成长的初始阶段，此时，灵魂尚站在觉醒、成长与战胜恐惧的漫长旅程的开端。

灵魂的宇宙初生之痛给女性能量造成了创伤。是不是说，因个体性的诞生以及与一切万有的分离，她感觉自己被剥夺了力量？并因此而产生了“不完整”以及“需要男性能量”的感觉？此外，想要操纵与占有男性能量的、基于自我的女性能量也因此而产生？换言之，较低频的女性能量形式是如何产生的呢？

以母性能量为例，最初，母亲将自己的孩子携在体内，用自己的身体来滋育孩子。怀孕期间，母亲与孩子之间存在着一种“二体合一”的关系。随着孩子的成长与发展，他变得越来越独立，自身的个体性也逐渐形成。物理上的出生标志着明确的分离：母亲与孩子的身体彼此独立地存在，脐带被剪断。接下来的时间，在身体与情感层面上，孩子依然非常依赖母亲。但是渐渐地，孩子越来越独立，进入青春期后，他也开始在精神与情感层面上体验作为一个独立的个体、一个独特的人是怎样的。此时，与母亲的分离差不多就彻底完成了。

随着孩子的成长，母亲也完成了一个内在的过程。她曾与孩子有着紧密且强烈的连结，在孩子最脆弱的时候，她为孩子提供了安全感与呵护。然而，她最终还是要放手，给予孩子自由，将其看作是一个独立、独特的生命体。如果母亲能够放手的话，她对孩子的爱也会在性质上发生转变，其身体性与物质性逐渐减少，灵魂对灵魂的爱则日益增加。

但有些母亲不肯放手，她们还是将成人的子女当作小孩子，难以放下自己“照顾者”与“看护人”的身份。一方面，成人子女往往因此而感到受伤或羞辱。他们觉得，自己本已是一个独一无二的生命体，母亲却对此视而不见，双方没有灵魂与灵魂之间的沟通与连结。因为无法放手自己的孩子，母亲也难以看到并了解孩子那独一无二的灵魂。这种情况下，母爱对孩子来说，就变得极具束缚性且令人窒息。另一方面，母亲则抱有强烈的占有欲。孩子年幼时，她曾是孩子世界的中心，如今她依然对此紧抓不放，她爱上了这一角色，并不想放弃它。曾经的美好心愿与行动，亦即愿意呵护脆弱且接受孩子对自己的依赖，如今化作了施展权力的行为。她想将孩子与自己紧紧地绑在一起，不允许自己的孩子变得自由与独立。孩子必须按照她的意愿行事，必须对她言听计从，而且必须对她的照顾感恩戴德。这种形式的“权力施展”既可能以非常专制的形式进行，也可能以更加隐秘、卑微的形式进行。如果孩子没有满足其期待或愿望，她可能会表现出委屈、伤心或失望的样子。她会扮演受害者的角色，而且自己也对此深信不疑。专制的形式也好，被动攻击的形式也罢，这都是在施展权力，隐藏其后的，则是不肯放手孩子，不肯接受自己需要内在成长的这一事实。

这是基于恐惧且缺乏洞见的女性能量施展权力的一种典型形式。在亲密关系中也可能会出现这种情况。女性在与伴侣的关系中扮演大量付出的母亲角色，作为回报，她要求自己的男性伴侣完全顺从于她，且随时能够陪伴她。她认为自己已经赋予对方“完全的自由与空间”，然而，毫无限度的“愿意给予”以及“愿意原谅”的背后，却隐藏着强烈的占有欲。她想将自愿来到她身边的鸟儿关在金丝笼中，无微不至地照顾它。这貌似是爱，然而事实上却侵犯了对方的自由。想以这种方式囚禁他人的能量，是女性能量的阴影面向的本质。

也就是说，具有强迫性、追逐权力的女性能量很少公开展示其攻击性，而是工于心计、操纵他人，做出一副充满爱的样子，实则却另有企图？

基于自我的女性能量想要占有他人，不愿意赋予对方真正的自由。如若一位女性的心智被这一目标所占据，就会产生“如果没有对方的陪伴，我什么都不是”的恐惧。因无法扮演母亲给予与呵护的角色，她倍感空虚，毫无充实感可言。她因他人对自己的依赖而感到满足，此人可能是她的子女、伴侣或者其他任何人，她的“善举”背后隐藏着秘而不宣的动机。

女性施展权力的这一形式，也包括诱惑他人，使他人

“上钩”吗？

诱惑是一种柔和的强迫形式。擅长诱惑的人往往能够很快地发现对方情感脆弱的地方，并使对方觉得自己真的“被理解、被看到、被尊重”。诱惑是与对方的自我玩游戏。如果对方确实被她的诱惑所吸引，她就会有一种获胜的感觉，心中充满了胜利感。她能够掌控他，因为她赋予他的“爱”很快会使他变得痴迷且依赖于她。金丝笼已打造好，鸟儿自己也心甘情愿地飞了进来。

这无疑是女性的策略，不过，男性也可能会使用它。因为，正如我之前所说，在你们所有人之内都携有这两种能量。然而，就其自然本性而言，男性能量更为公开地展示其攻击性，如果一位男性的心智充满了权力欲，他就会想要掌控，而且不会隐瞒自己的动机。女性的方式虽然更为隐秘，但二者的目的是一样的——支配与控制他人。

这一女性策略听起来蛮恶劣的，可是，操纵与诱惑的背后，又隐藏着什么呢？对权力的渴望与需求又是因为什么呢？

正如我之前所说，从一开始，灵魂刚刚出生之际，就出现了两性能量之间的分离与疏远。男性能量代表着与源头的分离，女性能量则代表着与源头的连结。蕴含于两种运动之中的愿望具有同样重要的价值。男性的分离愿望带来个体化、发展与多样性，而女性的合一愿望则带来有关万物一体性的洞见，以及保护与呵护幼小生命体的意愿。这二者皆具创造性。出错的是，男性的分离愿望为女性能量带来了情绪上的冲击，年幼的灵魂从中体验到的是背叛与被弃之痛。在灵魂个体诞生的过程中，女性能量（诸多灵魂之内的女性能量）感觉自己被“逐出乐园”，因为一体性遭到了破坏。可以说，女性能量代表着创造的保守面向，男性能量则代表着进步的面向（此处所使用的“保守”与“进步”都是中性的）。在女性能量眼中，男性能量对分离的渴望是带有敌意的运动，认为这是对她的欺骗与背叛。要注意，你们所有人之内都携带着两性能量。因此，我所讨论的是你们内在深处的抗争与纠葛。灵魂在变成熟的过程中，逐渐解决与消除这[illegible]

至于你所提出的问题，我的回答是：女性能量中蛰伏着古老的对于“被遗弃”的恐惧。她责怪男性能量，认为他抛弃了她。而男性能量，则认为在他挑战临渊一跃之际，女性能量并未支持他。他不仅没有感受到母性的无条件的支持，反而遭到了她的责备与否定。这一切所导致的后果是，男性能量独自上路，而且因萦绕心中的受拒感，他变得越来越野蛮，越来越焦躁。对女性能量的不信任使他恐惧亲密关系，害怕承诺，害怕被不满的女伴或母亲吞没。也因此，在人类社会中，趋向分离与灵魂个体性的运动，亦即独立的“我”——能够自由地选择与运作的“我”——之成长与发展，并没有借助与整体、与一切万有的连结而保持在平衡的状态。趋向分离的男性运动发展过度，以自我为中心的能量变得异常强烈，同理心以及与他人、与自然那种天然的合一感也逐渐消失。一旦男性能量失去了与一切万有的连结，就会极度专注于生存、抗争与冲突。恐惧成为其思言行的驱动力，主宰与控制的需求也由此而生。在你们所生活的世界中，这一以自我为中心、过度膨胀的男性能量所造成的不良影响显而易见，地球也未能幸免于遭到严重的破坏。

你问女性施展权力、进行操纵与诱惑的背后原因是什么，我刚刚提到过“害怕被遗弃”，不过这并不是唯一的原因。驱动她们这样做的最深的原因是“无价值感”，因被男性能量拒绝而产生的无价值感。在与源头分离、走向个体性的过程中，男性能量有些会像离开母亲的孩童一般。新生灵魂中的女性能量尚无法理解这一分离、了解其灵性意义，因此也倍感受伤。与此类似的是青春期孩子反抗父母的权威。成熟的父母理解且能够正确看待孩子的反抗行为，他们能够看到更大的格局，不会因为孩子暂时推开自己而感到愤怒、伤心或沮丧。然而，新生灵魂之内的女性或母性能量尚未成熟，她刚刚站在漫长旅途的起点，来自孩子（男性能量）的排斥对她影响深重，使她碰触到了“内在的空洞”。她不由得自问：我到底是谁？没有他的我又会是谁？她感觉自己被剥夺了身份、生命力以及存在的意义。她希望，当他再次出现在她的身边时，她能够将他紧紧抓住。内在的空洞必须被填满，孩子必须归家。她不信任甚至责怪自己的孩子（男性能量）、而与此同时，又依赖与需要对方。这复杂矛盾的感受导致了占有欲、操纵与间接的攻击性。而男性能量对此的反应则是害怕承诺，害怕被“母亲”吞没，换言之，害怕被女性能量紧缚甚至窒息。

我想再次强调，我每次提及女性能量和男性能量，所讨论的都是其原型，它们并非独立的存在。独立存在的“男性能量”或“女性能量”是子虚乌有的。真正存在的则是内在皆同时携有两性能量的男性与女性。你们可以自内而外地了解两性能量以及它们分别基于心灵与自我的形式，你们拥有选择权。以女性身份延续基于恐惧的女性能量，或以男性身份基于自我的男性能量主宰自己的人生，都不是你们的宿命。在灵魂层面上，你们已变得成熟。在过去，你们对这两种运动趋势皆有体验。你们能够改变旧有模式，借由不再无意识地掉回旧有角色，将两性能量之间的互动提升至更高的层面。

也就是说，两性能量之间的抗争主要是一个人内在的抗争。可是，我们所看到与体验到的，不正是性别之间的抗争吗？比如，我觉得你所描述的女性能量及其相应的问题（情感依赖、缺乏界限的设定，等等），就比较符合我自己。

大部分人在自己的一生中，都与其中的某一能量认同，要么男性能量，要么女性能量。你们会对其中的一种能量感到熟悉与自在。一般来说，男性觉得男性能量比女性能量更自然，更属于自己，女性则与此相反。然而，这并不是绝对的。比如，当我有着非常独立的一面时，就不想与某个男人紧缚在一起。那时，我心中会有一种恐惧，害怕承诺，这和前面所描述的男性恐惧比较相似，害怕被禁锢与窒息在亲密关系中，而我却是一位女性。同样，一位男性也可能非常敏感，比如较爱幻想，性情柔和，面对攻击性的言行或情绪层面上的强烈冲击时，容易不知所措。这样的男性比较倾向于女性能量，而对于男性能量那基于自我、充满竞争性、较为强硬的面向，则会感到不适。

因此，尽管存在着林林总总的形式，但总的来说，每个人都会认同于两性能量中的一种。以你为例，你较容易认同于女性能量。你在自己身上看到了女性能量那不成熟的面向，比如没有足够地接纳与拥抱自身的个体性，在关系中容易失去自己，难以明确地设定与守护适合自己的界限。那么，你的内在使命便是，唤醒自己内在那基于心灵的男性能量。这使你能够更好地保护自己，对于不符合自己心愿的事情明确地说“不”。借由这日渐增长的自我觉知，你于内在为基于心灵的女性能量——直觉与灵感——开辟出越来越多的空间，喜悦与充实的人生画卷也逐渐展开。

是的，我也认识到了这一点。不过，在过去，我曾经更加认同男性能量？

当然。你曾经不止一次地分别体验与探索过这两种能量。你们所有人都于内在同时携有已被塑形的男性能量与女性能量。大多数情况下，每一个灵魂都有一个首要主题，比如，对你来说，主题就是充分运用自身的男性能量。在学习这一课题的过程中，两性能量都被邀请向更高的层面转化。因此，你越发展内在那基于心灵的男性能量，你之内的女性能量也会随之成长，并逐渐放下充满无力感与自我否定的旧有模式。仅仅发展其中的一种能量，而不去关注与转化另一种能量，这是不可能的。这一过程的终极目标就是平衡。在平衡状态下，你的灵魂之流才能顺畅地彰显于日常生活中。事实上，那时的灵魂会成为源头一簇拥有自我觉知、自由、有担当的火花。

第五章

疗愈女性创伤的三个步骤

前面几章我们讨论了男性能量与女性能量的不同形式，其光明与阴暗的面向均有涉及。显然，这两种能量都是不可或缺的，我们需要将它们提升到更高的层面，以达到两性能量的平衡。现在，我想知道该如何疗愈女性能量的创伤，这一彰显为腹部能量空洞的创伤？

女性疗愈的内在之旅可以分为三个步骤。第一步是于内在认知女性能量的阴影。每个女性都于内在携有“不满足的、有毒的母亲”的痕迹，这样的母亲因内在的空洞而紧抓男性能量不放，具有强烈的占有欲与控制欲。有意识地于内在洞察此阴影，并带着爱与理解将其转化成真正的自爱，此[illegible]乃必须之举，后面我会详细讨论这一点[illegible]活基于心灵的男性能量，并运用这一能量来守护自己的界限，以使“独立的自己”成长壮大。内在的男性能量能够助你占据属于自己的一席之地，信任自身的品质与才能。通往疗愈的第三个步骤则是将更高的女性能量具体化——连接自己的内在与心。如果腹部的空洞被自爱与自我认知——对自己的模式与陷阱的洞见——所填满，与内在的连结就会盛放，你就能够真正地在灵感指引下与这个世界分享自己的天赋和才能，那时的你就是完整的。

下面，我逐一讨论一下这三个步骤。

第一步　于内在认知女性能量的阴影

对于女性而言，认知自身的阴影并非易事。这是因为，女性往往认为自己是遵从美德行事，尽管她们的行为其实完全违背了自身的本性。因此，她们一直无法看到自己的阴影。比如，她们认为善良贤惠、乐于助人、富于同理心、符合社会要求、具有亲和力、善于安抚他人等都是美德，而自私、倔强、不顺从、不守礼节、不随主流等都是缺点。自小到大，她们或明或暗地被灌输了诸如此类的观念与定义。在许多女性心中，愤怒、尽欢、叛逆等行为依旧是禁忌。女性常常不得不忍气吞声，以扮演善良贤惠、举止得体的角色，她们言不由衷，嘴上说“好的”，内心的感受却是“不好”。因为害怕被看作是“坏女人”，害怕被谴责，她们刻意扮演着有违本性的角色。

就诸多女性的自我形象而言，在她们“应有的感受”与“真正的感受”之间存在着明显的鸿沟。她们往往将自己的真实感受隐藏起来，甚至不让自己看到。不过，这种情形是无法永远维持下去的。因不断地压抑自己的真实感受，挫折感与愤怒逐渐于内在积累起来，爆发是迟早的事。那时，那个温柔贤惠、善解人意的女性忽然变成了他人心中的“悍妇”“泼妇”。另一个可能性则是，被压抑之火由身体吸收，使她们陷入生病、抑郁或身心俱疲的状态。

男性则与此不同。男性的阴影往往以人们认为“错误”的方式表达自己，比如攻击性、专制、无情以及暴力。在这一点上，男性与女性意见一致，都认为这是不好的品质。就此而言，男性自我意识很强的男性比女性自我意识很强的女性更容易看到自身的阴影。男性能量的阴影比较容易觉察，视而不见几乎是不可能的，而女性能量的阴影则较为难以捉摸，比较隐蔽与间接。也正因为这个原因，对女性而言，分清“适应社会的自己”与“真正的自己”是如此至关重要。

从灵性角度看，女性在尚未深切体会是否适合自己的情况下，并不全盘照收外在世界对“好”“坏”的定义，这极其重要。相较于强迫自己去满足社会上的各种要求，更有益于内在平衡的则是允许与接纳自身的真实情绪，并认真觉察自己对某事或某人的真正想法。允许自己有愤怒，接纳自身的不满足感、逆反心理、强烈的渴望以及忧伤和恐惧，只有这样你才能够更好地认知自己。你无须努力去做一个“好人”，你本性良善。不过这本性上的“良善”并非许多人所以为的那样是一个“秩序完美的花园”。在“本我”的花园中，时有暴风骤雨，亦会风烟俱静；有时阳光明媚，有时则连日阴雨绵绵。正如大自然一样，并不总是整洁优雅且可以预测的。你的“本我”是活生生的，充满了活力。如果你能将自己内在生命的动态变化，将自己所有的感受与情绪都看作是好的、自然的，就会放松对其的掌控，你的内在花园也会因此而立刻受益。这一花园有着自己的法则与韵律，知道如何维持自身的平衡。灵性成长的艺术在于理解与尊重这些法则与韵律。为了能够做到这一点，你必须尊重自己，尊重自己的独特本质。

尊重自己的本性，爱自己，这使你能够放下自我抗争。由此，你会自然而然地变得更加快乐，更加安然无虑，仿佛一个沉重的负担已从身上滑落。“真正的自己”与“满足他人期待的自己”之间的鸿沟也会因此而消失不再。他人是否喜欢“本真的你”是他们自己的事，而不再是你所关注的焦点。这是极其令人解脱的一步。你无须再强迫自己竭尽全力去成为并非自己的那个人。

不过，男性是不是也需要迈出这一步？他们不也是一直努力地使自己“合群”，为了适应社会而扮演着违背自身本性的角色吗？

是的。但女性的阴影往往在于她们违背本性地“否定”自己，男性则往往在于违背本性地“膨胀”自己。两种倾向皆具有破坏性，只是女性那趋于“无我”的倾向更容易隐藏在“贤惠淑良”的外衣下。

你可以夸张地想象一下，一位温柔、不自信但善解人意的女性爱上了一位阳刚有力的男性。这位男性自然而然地成为拥有决定权的一方，在这段关系中起着主宰作用。这位男性脾气暴躁，易激动，内在毫无安宁可言，且始终需要他人的关注与首肯。最初，这位女性对他的关注与倾慕尚能满足他的期待，随着时间的推移，这对他来说已经不够。于是他开始出轨，将目光转向其他女性，这使他的伴侣伤心不已，与此同时也变得更加不自信。她觉得自己配不上他，并因此更加努力地提升对他的吸引力。她试图去满足他所有的一时之兴与愿望，将自己置于末位。可是，这完全无济于事，这位男性还是不断地追求其他的女性，不断地欺骗自己的伴侣。

这个故事中，从表面上看，这位男性是“坏人”，女性是“无辜的人”或者说是“受害者”。然而事实上，这位女性和男性一样都起到了破坏的作用。这里所指的，是她长期以来一直都在以强硬的手段羞辱与否定自己。这位女性的阴影在于“自我否定”，迹象之一便是她并未因丈夫屡屡出轨而产生多大的愤怒，而是感到伤心和不自信。她无力愤怒，尽管此处愤怒与气恼——“不，这是我无法接受的”强烈感受——本是最为自然的反应。不愠不怒或许看上去是“良善”或者“有涵养”的表现，然而事实并非如此。“不敢愤怒”正是内在无力感与害怕面对自己的外在表现，此乃真正的阴影，是她不愿直面的阴影。因此，她明知不该这样却依然紧抓着自己的男性伴侣不放。

当然，这个故事有些刻板夸张，大多数人都能够明显地看到这位女性那隐蔽的阴影。然而，自我否定也可能采取比较隐晦的方式，因此很难被发现。对于每一位女性而言，坦诚地觉察自己在一段关系中真正想要得到什么是非常重要的。因为怀疑自己的存在价值而想得到他人的首肯或承认？内心感到自卑而对方能够带给自己存在感与重要感？那你要小心了。当然，被看到、被尊重会使人感觉良好，但不要执着于此。一旦你开始对此执着，就会依据自己认为对方希望或期待自己如何而改变自己的言行，扮演一个并不是自己的人。于是，一个“假我”出现了，并逐渐占据了主宰地位。那个“假我”不断遮掩自己的黑暗面向，因为在对方面前，“丢脸”实在是令人沮丧的事。如果你能够对自己诚实，承认内在的恐惧与不自信，那么你就迈出了自我解脱的第一步。你认识到自己内在的空洞，且不会试图逃避。当你进一步深入探索这一空洞的话，你会发现隐藏在自己生命中的孤独、恐惧与绝望，它们可能已有悠长的历史，对你有着极其深远的影响。

与此同时，借由觉察内在的这些能量，你发现了自己。透过觉察与直面内在的空洞，你运用自身的力量与光来彰显自己，这是走向内在疗愈的第一步。那时，你会意识到，试图利用他人的首肯与承认来填补这一空洞是徒劳之举，这样只会使你变得软弱，因为你不再是自身能量的掌管者，你需要一个外在的滋育源泉。这会导致各种各样的问题产生，因为你压抑自己的自然冲动以维持来自他人的滋育，你以为自己根本离不开对方的滋育，然而事实并非如此。这种形式的“失去自我”颇为常见，尽管情况或许并不像上述的例子那样夸张。压抑自己的隐晦方式不一而足，而你往往并没有意识到自己正在这样做。因此，我建议所有的女性都仔细地觉察自己在关系中的真实感受，以及自己何时为了获得对方的关注与首肯而否定自己。自我否定之阴影只有在你尚未觉知的情况下才能够主宰你，一旦你看到自己“自我否定”的倾向，且诚实地面对它，你就又回到了自己的本质中心，再次成为自己人生的主人。

不要再为了掩饰自身的无力感而刻意粉饰自己的行为，不要自欺欺人地告诉自己，被动、温顺、过度谦逊是美善且高尚的行为。请注意，不要扮演受虐者的角色，不要为了自我牺牲的“善举”而忽略自己。这样，你只是在为违背自性的行为贴上良善与负责任的标签。内在成长不意味着进入“无我”的状态，它意味着自我发现，看到自己是一个可以被爱、被滋育的独特且有价值的生命体。对自己持开放与欣赏的态度自然也会使你对他人持开放与欣赏的态度，你给予自己的也会被给予他人。如果你对自己变得越来越开放，越来越有爱，那么你也会逐渐看到自己与他人之间的平等性。慷慨是爱的本性，如果你能够爱自己便能够成为爱之源泉，使爱向周遭世界蔓延，你因此而成为创造者。这才是真正填满女性腹部空洞、使她们扎根地球的东西，她们的力量、独立性与一颗温暖的心被自爱激活，这与自我否定是截然相反的。

青少年时期的我，能够深深地爱上一个人，对“融合”有着强烈的愿望。我非常渴望能与某个人完全融合在一起，

自己所有的界限都消融不再，取而代之的则是对彼此的认知、喜悦与安全感。这一愿望彰显为对某个人的爱，不过这比欲望或者肉体上的吸引要深刻得多。这是一种对“精神上的融合”的渴望。随着年龄的增长，我问自己，这种渴望是否是精神层面上的，而非性方面的。而且，这也是对“走出各种限制与禁锢，进入使自己感到自由、振奋与爱的更伟大能量”的渴望。

这一对融合、对进入更伟大能量的渴望是否也是女性阴影的表现呢？在我眼中，这是女性能量的一个愿望，显然是一股连结之流。不过，在想要“融化”这一愿望的背后可能有些不对劲的地方。至少我的人生经验告诉我，与他人持续不息、完美无瑕的合一并不存在。在一段关系中，可能会出现那种神奇的连结时刻，但除此以外，还是要自己单独去面对。现在，我并不觉得这有什么不好，我甚至常常需要独处，并享受独处的时光。那么，渴望融合难道是错的吗？这其中是否也潜藏着女性能量的阴影面向？

如果你想借此逃避自己，那么对融合的渴望就是错的。如果一个人对地球生活持抗拒的态度，或者以前的你就是这样，那么对扬升并进入更伟大能量的渴望可能会使其远离自己的真正使命——成为界限明确、内在坚实、具有自我觉知的“我”。这一生中，你已不止一次地从“与他人全然连结”的梦中惊醒。为了维持自己的梦，你不断地掩饰自己与他人的不同与分歧，试图避免冲突，不过却由此创造了一种虚假的“合一状态”。在这种状态下，你一次次地压抑自己内在的冲动。随着时间的推移，你再也无法继续承受下去，你不止一次地分手和辞职，每一次中断关系你都倍感解脱。这确实是你所需要的——脱离压制自己的能量，从不适合自己的能量中解脱出来。迈出这一步需要勇气与自我觉知，这与维持虚假的连结恰恰相反。相较于对融合的渴望，带着自我觉知打破不平衡的连结为你的人生带来了更多的美好。

试图逃避以及为了他人，譬如伴侣、某群人或者其他的一些关系而失去自我，这说明你缺乏独立性，缺乏自我觉知，也说明你的男性能量尚未得到充分的发展。而且，也确实存在着女性能量的阴影，因为，事实上你要求对方完美，但从人类自身的角度而言，这种完美是不可能的。在对全然融合的渴望之中，存在着你对对方的潜在要求：对完美的爱和理解以及对安全感的渴望。这一渴望的核心之中隐藏着他人永远无法替你消除的无助感与软弱，你将根本无法实现的期望带入亲密关系，这种期望是有毒的，因为它不允许对方做本然的自己。

你早年那种对融合的强烈渴望并非有意识的毒性，因为你并不了解是什么在驱动自己这样做，而且，你本人亦深受其苦，这也适用于大部分过度渴望连结的人。他们借由内在的空洞来感受与运作，无法脚踏实地地融入这个世界，也无法与自己和平相处。他们过度付出，且随着时间的推移，在关系中逐渐失去自己。随着时间的流逝，他们可能会觉得自己是受害者，责怪他人专横霸道，责怪他人利用自己或者自私自利。而实际情况往往是，你自己将门打开，却没有很好地守护自己的界限。从灵性角度看，过于软弱与过于强势，二者不分伯仲，问题同样严重。过于软弱的自我任人欺负，不过这并不是没有原因的，这其中有着不宣之情。具体来说，就是隐藏其中的希望，如果我任你欺负，那你就欠我的，我牺牲自己的利益以赢得你的爱、忠诚与信任。在这种“无我”的行为中隐藏着“操纵”的性质，你希望对方需要你。情感上的依赖会赋予对方权力，过于软弱的自我试图以一种扭曲的方式赢取强大的自我所能够赢取的东西——对方的爱与首肯。

就是说，对融合的渴望往往意味着逃避自己真正的使命（成为独立的人）。那么，在双方都能够为自己负责，能够放下不现实的期望的关系中，又有什么样的融合与连结的空间呢？

在爱与平等的关系中，融合体现为双方深刻的、不言而喻的连结。尽管双方都有各自的成长之路，但彼此之间一直存在着使人喜悦盈心、不断成长的能量交换。这种并非建基于恐惧与内在空洞的自由的爱，是人生中最美好的体验之一。

第二步　于内在激活基于心灵的男性能量

认知内在的女性阴影会使人觉察到自己的内在空洞，并由此意识到，只有真诚地欣赏与敬重自己才能够填补这一空洞。那么，自尊与第二步“于内在激活基于心灵的男性能量”是否有什么关系呢？

有一定程度的关系。不过，自尊并非男性或女性的特有行为，而是臣服之举，亦即遵循本性。为了能够做到这一点，就要承认自己是一个独立的个体。你必须放下对融合以及“进入更伟大能量”的虚幻渴望。你内在的基于心灵的男性能量所能够赋予你的，是认知自己作为一个独立生命体所具有的独特性与创造力。男性能量能够助你不再黏附于“整体”，勇敢地说出“我”这个词。他是成人的宇宙，也是孩童的象征，是其深深地敬重与珍视“母亲”——合一的源头，与此同时，也使其满心喜悦地踏上“成为我”的冒险之旅。你那基于心灵的内在男性能量即为你的自我觉知、你的创造力以及踏上新路途的勇气。这一能量让你真切地感到，作为一个自由与独立的生命体，你完全能够自己做出决定。对于在关系中有着“过度连结”倾向、过度给予并失去自我的女性而言，此能量极具疗愈性。

那么如何拥有这一能量呢？如何于内在激活基于心灵的男性能量？

借由相信真正的自己，信任自己的真实本性以及自发的感受，不再受缚于来自外在世界的期待。偏离主流，与众不同，这并没有什么不好。滋育你内在那富于冒险精神的部分，这一部分的你想要从既有秩序中脱离出来，因为它感觉到还有更新、更好的东西，就会让你变得更加自由、更加充满活力。你内在那叛逆的部分与你那基于心灵的男性能量有着密切的关系。你那敢于说“不”、固执、不顺从且不服约束的部分，请给予它发声的机会。

观想你在一个寂静无人的地方，林中或沙滩上，一个充满年轻活力的男性形象出现在你的面前，他浑身散发着叛逆的能量，明显地表明自己不会被虚伪的借口所迷惑，他坚强有力、不屈不挠。看一看你能否与他建立连结，并纳入他的能量。他想对你说些什么？他是你内在的一部分，他为你带来了讯息。请清空自己，以能够接收他的讯息。

我遇到过不少高度敏感的女性，她们难以设定界限且常常自动地感受他人的能量，对此做出反应并因此而感到精疲力竭。而且，当她们意识到这一点时往往为时已晚。她们好像不由自主地就与他人融合在一起，暂时完全失去了自己。

如何才能避免这一点呢？具体该怎样做才能“拥抱男性能量”，更加脚踏实地地保护自己呢？

高度敏感是“移情与直觉的觉察”的一种形式，是某种形式的女性能量，它在男性与女性身上都有可能存在。重点在于，许多高度敏感的人，他们除了在直觉性觉察这一方面拥有高度发展的女性能量外，也同时携有“自我否定”的女性阴影。因此，其不仅能够轻易地感受到他人的状态与情绪，也同时具有过度帮助他人、忽略自身需求的倾向。后者与高度敏感无关，而与“自我否定”有着密切的关系。此处我所能给出的最具体的建议就是，认知自身的阴影。能够感受到各种能量与情绪是一回事，由此而失去自己则完全是另一回事。你无须与对方共同承受痛苦，对方也不会因此而受益。你可以选择，可以做到高度敏感，能够于内在感受到诸多能量，与此同时也完全与自己同在，不失去自己，这要求你放下各种形式的自我否定。你要明白，利用直觉觉察他人的能量时，你依然可以做那个坚定、有尊严、界限明确的自己。在这种情况下，你反而能够为对方提供最大的帮助。

第三步　将更高的女性能量具体化——连接自己的内在与心

第一步与第二步分别描述了认知自身阴影以及有意识地运用自身的男性能量。这奠定了自尊与独立的基础，也是众多女性所需要的。那么，第三步的作用又是什么呢？

我已经讨论了女性能量的阴影以及认知这些阴影的重要性，只有认识到自己的阴影以及自我否定与“借由给予来获得存在权”的陷阱，你才能够真正地成长。如果你能够自内而外地了解自己的阴影，用自爱、力量与独立来彻底填充内在的空洞，那么，你内在那基于心灵的女性能量就能够绽放。你将更高的男性能量激活，由此，那更高的女性能量才能够更耀眼、更纯洁地展现出来。

女性能量携有“真正的无条件的爱”的潜能，这种形式的爱与充满掌控欲与强迫性的爱截然相反，后者主要以约束与占有对方为目的，而无条件的爱则意味着，知道对方是一个完全独立的个体，应该自己做出抉择。只有自己做出的抉择才会导致内在成长与觉醒。真正成熟的母爱不会再强迫、支配与过度照顾自己的孩子，她打开笼子，让鸟儿完全自由地飞翔。与此同时，这位母亲会保持与孩子那深刻、共情的连结。她给予孩子自由，不过却以爱的目光和感知陪伴着他。有时，她于内在清晰地感受到孩子需要什么，或者什么是他最大的障碍，不过，只有在孩子询问她时，她才会与其分享自己所知道的。那时，她能够赋予孩子非常特殊的东西。她那智慧的建议并不会剥夺孩子选择的契机，她让孩子看到自身所携带的潜能与承诺，肯定他做出正确抉择的力量与能力，这使孩子自信倍增。孩子可以真切地感受到母亲那全然的信任与无条件的爱所带给他的支持与温暖。这种爱是最高形式的女性智慧。她彰显了作为母亲的温暖与关切，与此同时，也彰显了作为老师的智慧与独立性。

这种形式的爱并不一定仅仅彰显为母子关系。疗愈性的女性能量能够为所有的关系带来光。在伴侣关系中，它使双方有着深刻连结的同时还赋予彼此自由。这一连结既温柔又充满了爱与关切。因女性能量的共情品质，关系中的双方彼此心有灵犀，无须多言便已理解对方。如果你能够将最高的女性能量带入关系中，那么，你就是对方那无条件的爱的通道。这并不会使你损失什么，因为你能够很好地感知施与受的平衡，不仅如此，你自己也从同一个无条件的爱的源泉中获得滋育。

更高的女性能量，或者说基于心灵的女性能量是关乎接触与连结的能量，当今这个世界迫切地需要它。这一能量的目标是为各方带来理解与沟通，尤其是在政治与社会层面上，女性的连结能力能够带来显著的变化，世界变得越来越小。当代通信技术使人与人之间的联系越来越多。然而，尽管从技术层面看，人们能够借由现代通信技术与他人进行广泛的交流，但这并不意味着他们正在进行真正的沟通。就这一点而言，外在的发展超前于内在的发展。与此同时，外在发展也展示了前进的方向。人类再也不能将自己划分为“我们”和“他们”的阵营。在所有人中都认出最根本的人性，无论其种族、信仰、性别等如何，这是未来的基础。只有这样才能建立真正的沟通。那更高的、基于心灵的女性能量在人与人之间播种理解、开放与连结；基于心灵的男性能量则为每个人的个性与独特性创造空间。两种能量都是不可或缺的，越是激活这些更高层面的振动，并将其根植于自己的日常生活，人类的集体能量场就越会更加快速地发展，从而使这个世界成长为一个更有爱的世界。

第六章

女性智慧：重新尊重直觉

疗愈女性创伤的第三步是显化自身更高的（基于心灵的）女性能量。在传统体系中，女性智慧往往与“第三眼”联系在一起，它是直觉或者说超感知能力的基座。女性心灵能量与他们所说的“第三眼”——能够看到超越物质实相的东西，能够觉察到更加精微的能量——有关联吗？这是基于心灵的女性能量所具有的能力吗？在帮助、辅导与疗愈他人的工作中，许多女性光之工作者较倾向于直觉与共情的处理方式而非单纯地依靠理智思维，这也是更高的女性能量的属性之一吗？

在基于心灵的女性能量中，第三眼——传统意义上代表着直觉与超感知能力——与心是相连的。就是说，所有借助超感知及共情方式所获得的讯息都会经过“心灵之爱”的过滤。这是什么意思呢？人们能够以各种各样的形式，尤其是出于林林总总的动机，来运用他们借助超感知能力所获得的讯息。第三眼是内在的感知中心，可以借由它来觉察超越物质层面、超越感官所能感知到的世界的东西。借助肉眼你们能够看到物质实相，而借助第三眼则能够感知到非物质的能量，比如生物能量场、离世之人的形相以及人类的情绪，等等。许多人的第三眼处于一种休眠的状态。无论是家庭教育还是学校教育，都没有教人们如何运用这种“观看”的方式——内在的观察。不仅如此，他们还试图打消人们对第三眼的兴趣。如果一个小孩子忽然看到能量场、指导灵或离世之人，其往往会被告知，这不是真的，只不过是梦境或者幻觉。尤其是那些比较敏感的人，他们的第三眼或者说“第六感官”从未完全关闭，他们在这一方面更是备受困扰，因为他们不了解自己所具备的能力，也不知道该如何充分地运用这一能力。

第三眼其实是地球人格的重要组成部分，使用第三眼的出发点要么是爱，要么是恐惧及权力欲。泛泛而言，使用第三眼的动机不外乎于此。过去，尤其是进入理性与科学的时代之前，第三眼往往被用来攫取与施展权力，成为权力的工具。不过，只有在承认第三眼的真实存在，承认其力量的社会中，才会出现这种情形。而在当今社会中，超感知能力、超自然能力以及灵性修习背负着诸多质疑的目光。唯物的科学世界观影响广泛，它对于并非借由身体的五个感官以及大脑思维所获得的知识，持质疑甚至反对的态度。在许多古老的部族中，万物皆有灵，肉身死亡后生命依然继续，存在着许多肉眼不可见但却影响巨大的力量，这些力量并不一定都是良善的，有些邪恶力量从精神世界向大自然施威，或者以某些人为媒介施展自己的力量，也因此，人们对它们心怀敬畏。比如，自然灾害被看作是来自某位神祇的惩罚，疾病有时也被看作是恶灵附身，或者是某位祖先的报复。在这样的社会中，那些能够与超感知世界沟通、对这些力量有所了解的人，拥有不可忽视的影响力。然而，第三眼开启的人并不见得总是以一颗开放之心来运用这一能力。第三眼是中性的，既可以用来操纵他人，也可以用来帮助他人。自古以来，第三眼常常被滥用，这也是时至今日，人们对超自然能力的运用依然心存排斥的原因之一。

然而，我们也可以带着一颗爱心来运用第三眼的内在觉察力，此处展现了女性能量的真正力量。借由直觉所获得的讯息如果经过了心灵的过滤，那么，只有对对方有益的讯息才会被利用。所有剥夺对方选择权，使对方感到无力甚至陷入恐惧的讯息都会被略掉。讯息的目的只是为了帮助对方实现内在成长，这一过程中完全尊重对方的自主权。因此，这些讯息不会带有任何强迫性或者命令性，而是带给人们勇气与力量。这种形式的帮助与疗愈，在爱的承载下，完全调协于对方当下的可能性与成长之路。以这种方式运用第三眼的人，大多拥有基于心灵的意识觉知，这对于充满爱地运用第三眼是必不可少的。

我个人的经验是，这一时期，许多直觉力强的人并不敢运用这一能力。许多光之工作者想要借由自己的直觉，而非仅仅头脑（比如以心理学模型为基础）来帮助与辅导他人。他们天生就有感受能量、用第三眼“观看”或者进行传导的能力。然而，他们担心自己不够纯净，担心一切都是自己的臆想，担心会误导他人。他们对自己的天赋和能力心存怀

疑，尤其害怕滥用它们。他们觉得运用自己的内在之眼是一件责任重大的事，不想或不敢承担起这一责任。你能就此谈一谈吗？

许多正在经历从自我到心灵过渡的人，以及想要帮助与引导他人经历此过渡的人，对他们来说，这是一块不容忽视的绊脚石。一旦踏入基于心灵意识觉知的领域，就会明确地意识到自己在过去对权力的滥用行为。你们之中的每一个人都曾经滥用过权力，也曾经操纵过他人。为了达到这一目的，你们也曾经采用过具有女性特性的方式，亦即借由第三眼来对他人施威这一并不纯净的方式。那时，主宰你们的是基于自我的意识觉知，也就是说，恐惧、自卑感、嫉妒或愤恨是你们的驱动力。你们伤害过他人，你们并未忘记这一切。作为这些施害者，你们心怀愧疚，认为自己要对此负责。认识到自己的责任感，这是内在成长的必经之路。如若你们由此而变得谦卑，认识到人与人之间的平等性，这就是好事。为自己滥用权力的行为而感到后悔，放下优越感，承认自己曾经的偏颇，这对自己的内在能够起到疗愈的作用。你也由此而变得更加自由。不过，还有一种可能性，亦即你们内心充满了强烈的负罪感，且一直为自己曾经的所作所为而苛责自己、轻看自己甚至鄙视自己。这样的评判阻碍了你们的成长与发展，因为这使得你们难以原谅并和善地对待自己。只有原谅自己，你们才能从曾经的歧途中吸取教训，转化自己。你们中的许多人都觉得很难做到这一点，自小到大，你们学会也习惯了评判，很难用充满爱的目光看待自己。

此外，你们也曾经带着纯洁的动机，运用第三眼来传递知识，使他人受益。然而，你们不止一次地因自己的行为而遭到批评、攻击甚至处罚。为了获得真相与疗愈而运用自己的内在之眼，这对于团体或社会中的既有权力体系而言，往往是一种冲撞。你们曾经不止一次因此而成为受害者，这为你们留下了深深的伤痕。此创伤会彰显为如今的恐惧，恐惧自己的与众不同，害怕成为“出头鸟”。许多光之工作者于内心深处都对暴力心怀恐惧，过去的经历使得他们变得胆怯，畏缩不前。认知内在的恐惧与不确定感，放下痛苦的过去，这是必须之举。如果一直受其禁锢的话，你们不仅会变得自卑，也不会珍视自己的直觉力。你们宁愿将自己隐藏起来，以避免再次受拒。

就是说，这与曾经尚未化解的能量有关，那些曾是施暴者或受害者的能量。当一个人想要彰显光之工作者的能量，想要基于心灵运用第三眼与女性能量的时候，这两种能量——歉疚与恐惧——就会浮出水面。如何才能更好地放下这些旧有能量呢？如何才能知道将自己的直觉能力展示于众的时机已经成熟，比如进行解读或疗愈的工作？

放下这些旧有的痛苦回忆的方法是，认识到它们是来自于过去的能量。也因此，回溯有可能对人大有帮助。回溯者为自己的恐惧与负疚找到了归宿，它属于过去，而非现在。那时，其能够将自己的恐惧与负疚看作是外在的实相。你并不是自己的恐惧与负疚，即使它们伴随着你，徘徊不去。你会成为它们的引导者或疗愈者，而非它们的玩物。恐惧来袭之际，你可以将其看作是来自于过去的呼唤，它源自你内在感到恐惧、需要获得保护与鼓励的那一部分。借由不介意来自他人的评判，你就能够为其提供保护；借由跟从内心的声音，去做自己真正喜欢的事情，你就能够使其获得鼓舞。如果你被愧疚压倒，或者害怕为他人带来损失或伤害，你可以这样看，它来自你内在想要为过去的错误接受惩罚的那一部分。那么，你可以告诉这一部分，你已认识到自己曾经都做了什么并会从中吸取教训。这意味着，它可以卸下“负罪感”这一沉重的负担。

将自己的直觉能力展示于众的时机也已成熟，比如成为灵性导师——如果这个愿望一次次地带给你喜悦与启迪的话。倘若这是你内心的渴望，且能够带给你欣悦的感受，那么这就是来自内在的呢喃。此外，还会出现许多来自外界的支持与鼓励，例如各种对你有益的情境，以及来找你咨询的人。尽管如此，这依然是临渊一跃，会唤起很多你内在的恐惧与犹疑。除了追随愿望的喜悦感之外，旧有创伤也往往会浮出水面。不要期待自己立刻就能够走出伤痛。带着自身独一无二的能量步入公众视线，这说明你是认真的，这已是走向疗愈的重要一步。要耐心地对待这些迟迟不肯退去的恐惧与犹疑。用我刚刚描述的方法，像慈爱的导师那样对待它们，不要被它们主宰与牵制。

可是，害怕受拒，这在当前难道不是很现实的吗？记得我刚开始从事灵性工作，尤其是公开地进行传导时，我非常

害怕遭到批评与嘲笑。那时我刚告别学术界不久，而且刚在几年前完成了科学哲学领域的博士论文。一想到我那些学术界的同事们有可能看到我坐在那里进行传导，来自他们的激烈批评，还有挂在脸上的怜悯的微笑，这一画面就栩栩如生地出现在我的眼前。在科学界或者说学术界，人们非常轻视“灵性上的东西”，直觉或者说内在之眼，并不能得到认真的对待，同时也不被看作是获取知识的渠道。人们对此完全缺乏开放之心，这一点使我倍感讶异。一切与灵性有关的东西都遭到排斥，不知这种强烈的情绪从何而来。泛泛而言，为什么科学如此抗拒借由直觉与超感知能力来获取知识的女性能量呢？

其实，你提出了两个问题，第一，害怕受拒在当今这个时代是否依然是现实的？第二，为什么科学如此抵制灵性与秘传主义？我先回答第一个问题。在你所生活的社会，人们可以自由地做自己，你能够安全地创建自己的工作室，出版相关的书籍。来自外界的评判最多只能为你带来心理上的压力，你不会受到身体层面上的威胁，你是一个自由的公民。就这一点而言，确实存在着进步，尽管这个世界依然充满了压制与暴力。你在地球上能够安全地进行自己的工作，而且你内心深处知道这一点。对于你以及诸多光之工作者而言，被拒的恐惧主要是来自过去的遗传。

第二个问题，对灵性的敌对态度，其根源与人类历史中两性能量的疏离有着紧密的关联。科学思维方式主要依赖于过度膨胀、否认女性能量重要性的男性能量。

建立现代科学的初衷在于，借助自己的观察与逻辑思考，而非宗教教义来汇聚知识。中世纪末期，许多年轻的科学工作者观念新颖，他们抵制教会所传播的基于权威与教条，而非对真理之爱的世界观。他们为自己的抵抗行为付出了惨重的代价，因为教会对与其对立的人毫不心慈手软。最初，科学本是一场解放运动，其目的在于解放思想，从以教会为主要承载者的沉重、令人窒息的能量中解放出来。从灵性的角度看，启蒙时代的开启为“独立思考”创造了空间，这是一种进步。如果你看一看当初那些年轻的科学工作者付出了多少努力，又进行了多少抗争，才能挣脱宗教制度的束缚与统治，那么，从心理层面上讲，科学迄今一直对宗教持怀疑态度，也是可以理解的。在科学眼中，宗教与权力和权威之间有着紧密的关联。

科学宣称自己是价值中立的，亦即不依附于教条，而是仅仅以没有偏见的观察与逻辑推理为基础。然而，颇具悖论性的是，仅仅依据观察与逻辑就是价值中立，这一出发点本身就是教条。仅仅以感官的感知与逻辑推理为基础，会使自己远离其他获取知识的渠道。直觉也是获取知识的渠道，这是一种直接的“知道”，无须依赖大脑思维或者身体感官。直觉依赖于直接感受、静观与共情的意识觉知。这是什么意思呢？如果你借由直觉调协于某一生命体，且放下自己对对方的评判与期待，你就会接收到有关对方内在世界的讯息。此讯息会以感受的形式出现，你感受到某个画面、某种知觉或者蓦然出现在脑海中的简短话语。你觉得它来自自己之外的某个地方，且在接收讯息的那一刻，自己与外界的界限仿佛也暂时消融。处于深入的直觉状态时，你仿佛在自己的肉身之外运作。你借由自己那“非物质”的核心进行观察，在此层面上，你与对方之间不存在任何距离。在进行观察的那一刻，你暂时“变成”了对方。在这种合一的状态下，你知道并感受到对方的内心世界。你透过对方的眼睛看世界，对方的体验也暂时变成了你的体验。与此同时，你也与其保持着距离，也就是说，你只是以观察者的身份静观。你带着高度的敏锐以及真正的开放之心感知对方，以中立客观的态度静观对方。你的心中充满了宁静与平和，没有任何评判。这种直觉性的感知是获取知识的“女性方式”，既不借助身体感官，也不依赖逻辑推理。尽管如此，此方法却能够带给人有关生命——甚至并不局限于生命——的洞见。以这种方式接近大自然，也能够获得许多非比寻常的洞见。

科学排斥这种方法，认为直觉是带有情绪的观察，是不可信任的。此外，我们再次看到，尽管心灵与情绪性质迥异，却依然被归为一体。诚然，直觉性观察可能会受到观察者情绪的影响，并且这种情况也时有发生，但这是你们随时都需要注意的人性因素。可是，究其本质而言，直觉却恰恰是接取或吸收信息的客观方式。其客观性并不在于将被观察者完全置于自己之外（如科学所定义的客观性），而恰恰在于与被观察者融合在一起。这种“合二为一”并不是主观的，而是超越个人的，亦即在超个人层面上与被观察者连结在一起。

此处，我想补充一点，真正伟大的科学工作者（不包括那些维持机构运转的职员）自始至终都运用自己的直觉，无论他们是否意识到这一点都如此。那些真正备受启迪，质疑既有思维方式并为其带来深刻改变的科学工作者，从不仅仅依赖观察与思维。他们与内在那充满想象力、易感的女性能量有着连结，并借之获得仿佛从天而降的洞见。如若他们运用自己的大脑思维认真地研究这些洞见，并借助实验工具来进行检验，就会发现，这些洞见不仅合理有效，还为旧有问题带来了一线全新的阳光。科学上的革新总是建基于两性能量的合作。一个人之所以能够成为杰出的科学工作者，绝不仅仅是因为此人具有超凡的理智以及逻辑推理能力，而是因其独立思考，另辟蹊径，正如你们所说的“突破思维定式”的能力。事实上，在“突破思维定式”的这一刻，此科学工作者正以观察者的身份与被观察者建立起连结。他或她在开放、易感的状态下观察被观察者，一种纯然无私的兴趣使其进入“空”的状态，不带一丝成见地调协于自己想了解的事物。他或她的意识发生转移，暂时与自己正在观察的自然现象融为一体。借由二者之间的一体性，灵感突降，就像你们所说的“灵光一现”。直觉为其带来内在的知晓，接下来，他或她则运用自己的分析能力对其加以诠释和构建。

一言以蔽之，抵制直觉上的、超个人层面的东西，抵制灵性的态度，往往是建基于教条主义。而与此同时，你也说我们生活在一个自由的社会里，在这里，我能够安全地进行自己正在进行的工作。因此，科学的堡垒——当然它对教育界与医疗界也影响深重——还没有强大到能够阻止“异见者”（比如灵性导师）随心而行的程度？

对，本质上是不可能的。在回答每个人在其人生的重要时刻都会面对的根本问题时，科学的世界观就显得有些心有余而力不足了，比如人生的意义与目的是什么？如何与他人建立连结？如何彰显自己最深的内在核心——自己的内在。科学知识永远无法替代每个人都在苦苦寻觅且不可或缺的“超个人声音”，亦即与内在的连结。知识并非答案。成熟的女性能量能够帮助人们发展出一种开放且精微的意识觉知，此意识觉知能够借由对内在世界的深刻了解，以及对生命的爱来调协于超个人层面，这是她能够带给这个世界的最大不同。将第三眼与心连结在一起，重新尊重观察性的思维——它将自己与他人紧密地连结在一起，借由所感受到的一体性来获得丰富自己、丰富他人的洞见，这就是疗愈性的女性能量的力量。现在时机也已成熟，你们拥有彰显这一力量的空间。

在生活与工作中运用这一女性能量的时候，你可能会遇到阻碍。不过，你所遇到的阻碍往往是人们内在的痛苦以及对这一能量的陌生感，而非真的有什么危险在威胁你。我之所以这样说的原因是，地球上的集体意识正在发生转变。因这一转变，许多人的内心深处都对你以及众多与你志同道合的人所能带给大家的讯息与能量充满渴望。

为了更好地了解直觉到底是什么，疗愈性的女性能量又是什么，还有许多领域等待我们去征服。一方面，存在对此持排斥态度的怀疑论者；另一方面，在我眼中，也存在着许多对“超感知能力”、传导以及替代疗法的不成熟运用与展示。我的意思是，有时我觉得小小的修行界实在是令人窒息，各种奇奇怪怪的“疗法”与推测成分很大的理论比比皆是。

后者并不仅仅限于修行界。无论是男性能量还是女性能量，都有其不成熟的能量形式在运作。你在人性的各个面向都能够看到这一点。科研领域、政治领域、管理界、教育界、企业界，等等，基于自我的、不平衡的能量无处不在。因此，仅仅就这一点来评判修行界与替代疗法是不公正的。

成熟的疗愈性的女性能量，以及不平衡的女性能量，二者都有展现自己，这其实是好事。你所进行的工作以及对他人的影响被呈现在公众面前，他人则需要运用自己的直觉与判断能力。在一个自由的社会中，人们不会轻易地被有超感知能力的人以及“假先知”欺骗或操纵，成为其受害者。“修行”这个词，其核心意思是发展自我觉知，以及独立判断什么适合自己，什么并不适合自己的能力。曾经过度信任某一不平衡的老师或治疗师，这样的经历能够帮你了解什么才是真正重要的。在这一点上摔了跟头，那“易于听从他人，不肯负起自己责任”的倾向会立刻暴露出来。这是一个疗愈的过程。这听起来或许有些奇怪，但灵性之路上的偏颇反而会在这一过程中助你一臂之力。

作为治疗师、疗愈者或者解读者，如何才能知道自己是否真在“基于心灵”地工作呢？正如你之前所说，直觉性的观察被个人情绪影响，这很符合人性。那么，如何才能知道自己是否受到情绪影响，且在何种情况下就已被情绪影响呢？作为灵性治疗师又该如何对待这一影响呢？

首先，要完全诚实地对待自己的人性。你越深入基于心灵的意识觉知，就越会认识到自己的人性，自己的渺小以及自身的恐惧。正是这种谦卑使你更适于成为他人的辅导者。如果你尚认为自己知道一些“必须”告诉他人的事情，那说明你依然还在自我与头脑的层面上运作。颇具悖论性的是，当你觉得“我什么都不知道”的时候，你才会成为真正的老师，因为只有那时你才会对于超个人的爱、智慧与慈悲之流敞开自己。

我常常问自己，为什么“传导”忽然就出现在我的人生之路上，为什么与此有关的一切都备受滋育，仿佛种子落在丰腴的土壤里。相对来说，我的传导工作可以说是顺风顺水的。我感觉，我的内在带着累累的创伤开始了这一生。现

在，我有时候想，也许曾经的创伤，让我变得足够“空”，也因此才能够接收来自约书亚的讯息。是这样吗？

你内在核心处的空洞与碎裂也同时是你的“使命”与“天赋”。你的使命是带着爱与自尊填补空洞，疗愈碎裂。珍视生命的价值与珍视自身的价值，二者息息相关，难以隔绝。你的使命是重新找到你的自我价值，你的光以及你对地球、对他人的爱。

因内在的破碎，你发展出了对超个人层面敞开自己的天赋，因为你知道真正的答案正来自那里。你知道除了来自源头，来自一切万有——或者你赋予其任何称呼——的爱与安全感，没有任何方法能够更好地填补心中的空洞。只有透过那个层面，你才能重建自己的核心。也因此，你内在出现了一股激进的力量。不过，你已经开始为这一转折点做准备。

尽管如此，我肯定还没有调协于超个人层面，也肯定还没有脱离基于自我的能量。我认为，大多数感觉自己被召唤，想要以某种方式帮助他人的光之工作者，都处于从自我到心灵的转变过程中。怎样才能知道自己的所作所为足够纯

净呢？仅仅是通过认知自己的人性，知道自己也可能出错，并在工作时明确地说明这一点吗？

是的，在本质上确实如此。你那些依然受困于恐惧、评判或纠结的面向，自然会在你的生活中浮出水面。如果你随顺生命之流，以一颗开放之心观察自己，觉察自己的反应与模式，你自然会变得越来越放松，越来越轻盈。你会越来越有意识觉知，不过这并非借由努力消除旧有的模式或恐惧，而是借由诚实与温柔去觉察它们。

当你已准备好在他人的前行之路上为其充当一段时间的向导时，你自然会知道。概括来说，以下几点供你参考：

*跟随内心的愿望，做能使自己深感喜悦的事

*无论你进行哪项工作，都要看到，你也是一个人，也会犯错

*每个人都可以犯错，不要因所犯的错误评判自己，请将其看作路标

*信任你的客户的判断能力

彰显自身女性能量的方式有多种，并不一定非得成为治

疗师或能量疗愈者，对吗？女性都可以透过哪些方式彰显女性智慧呢？

任何方式都可以。如若你已敞开心灵，且根植于腹部，就与内在建立了连结。喜悦与灵感之流贯穿于你的生活之中，即便是在处境艰难、挫折不断的时期亦如此。借由你那独特的灵魂之流，你会感受到哪种形式最适合自己，又能以何种方式将自己独特的能量彰显于这个世界。你无须为此苦苦思索或者去参加某一课程或工作坊。你所采取的形式是独一无二的，它完全地、真正地属于你，它会自行浮出水面。你最重要的任务是信任自己，聆听并敢于跟随自己内心的呢喃。如此这般，那充满爱与善的超个人力量会在你的前行之路上自始至终支持你、佑助你。

备受启迪且强而有力的女性能够活跃在社会的各个领域，为人们带来积极正向的影响。她们的能量既独立、富于创造性，又充满了热忱与慈悲。我的愿望是，女性能够运用自身的力量，且真正地体会到这是一件美好的事物。此外，她们能够重新信任自己与地球母亲之间的深度连结，自己传递生命的能量，传递自身所拥有的加强与维持“连结一切生物的合一之网”的天赋。在这个世界上，女性肩负着神圣的使命：一旦自我觉知被唤醒，她们能够为疗愈与修复你们物质实相中备受折磨与伤害的一切尽自己的一臂之力。一位觉醒的女性会踏上通往疗愈的内在之路，她能够看到自身的阴影，与男性能量和解，并于内在变得完整。她打开通往自己内在的门户，与能够触动她、启迪她且充满爱与慈悲的超个人能量流建立连结。不仅如此，这一来自一切万有的超个人能量流也会触动他人。也就是说，这位觉醒的女性亦会成为这个世界的爱之管道。

第七章

疗愈男性创伤的三个步骤

我们讨论了女性能量的最高形式——第三眼与心相连，还有建基于直觉性的合一体验，并以此为出发点为他人带来爱、慈悲及鼓舞的女性智慧。那么，最高形式的男性能量是什么呢？男性智慧又是怎样的呢？

男性能量的力量在于提供更宏大、更广阔的视野。如果男性能量能够提升至更高的层面，就能发挥其深入思考、沉静洞察的特长，从而以更加宽广、更有内涵的目光来看待各种事物。借由这一男性化的洞察方式，你们能够与事物保持一定的距离而非沉入其中，并与那能够带来明晰与自由的“思”与“知”的宇宙层面建立连结。距离带来自由，如果你遇到正处于人生困境、倍感痛苦的人，你的女性直觉会使你能够深刻地感受到对方的感受与需求，而你内在的男性智慧则会后退一步，以不同的视角——洞察困境内涵与意义的视角——看待此事。男性智慧也同样建基于爱与慈悲，不过借由这后退的一步，你能够凭借此智慧之流更快地看到事件的缘起，看到各个貌似互不相干的事件在更大格局中所具有的意义。

优秀的老师、灵性解读者或疗愈师会运用这两种视野，或者说两种“智慧之流”，而非只取其一，对吗?

是的，确实如此。不过你们往往会倾向于其中的一个。然而事实上，它们是无法单独运作的。较倾向于男性能量的人也常常会调协于受其帮助的人，也会运用自身的女性直觉来获取有关对方的信息。同样，较倾向于女性能量的人也常常会感受到与某一宇宙视角的连结，由此更加清晰地洞察事件与情境的内涵与意义。对于成熟的灵性解读者、治疗师以及辅导者而言，他们内在的两性能量自然会变得越来越和谐。他们运作于心灵的层面，在此层面上，两性能量的合作与共舞几乎是自然而然之事。

我们之前已经讨论过基于心灵的男性能量，以及认知与接纳这一能量的重要性，尤其对女性而言更是如此。就是说，接纳与拥抱内在的这一男性能量并不仅仅意味着设定边界，敢于为自己挺身而出，敢于说“不”。这还涉及与“男性智慧”的连结，亦即保持适当的距离从而能够真正地了解所面临的情境。对吗？

保持距离，跳到事外看事物的能力是至关重要的，对于女性（或者女性能量极强的男性）而言更是如此。女性能量较强、高度敏感、同理心强且乐于助人的人，时时需要拉开距离以保持适当的视野。也就是说，此处存在着一个潜在的陷阱。主要借由女性能量来彰显自己的人往往感到难以“接受”（相对于“给予”而言），难以为自己挺身而出，难以说“不”。若正处于从自我到心灵过渡阶段的话，他们心中往往还有着透过善待他人、帮助他人来获得首肯的需求。共情与直觉等更高的天赋依然与自卑、害怕受拒等基于自我的能量纠缠在一起。正是在这种情况下，会出现过度给予、与对方完全融合的陷阱。你可能纳入对方的情绪，并因此而产生身体上的不适，甚至身心俱悴。恰恰在这种情况下，你需要借助男性能量来放下过度的同情。你需要与对方建立心灵层面上的沟通，并以此视角来洞察对方真正需要什么。无论如何，这都不可能是毫无节制的同情与怜悯。男性智慧能够助你重新将对方看作是一个自由、坚强、有能力自行解决问题的人。因这一视角，你在帮助他人的同时也帮助了自己。你帮助对方与自身力量建立连结，与此同时，你自己也卸下了不必要的负担。

那么，更认同于自身男性能量的人呢？亦即那些男性能量很强的男性与女性？

对他们来说，陷阱更容易的是缺乏同理心，对“人之常情”、那些微小且个体性的事物缺乏关注。一个男性能量很强且正处于从自我到心灵过渡阶段的人，往往会有着强烈的掌控需求，遭遇困难与挫折之际，也更倾向于依赖头脑的能量。他／她一般不会借助感受与直觉，而是试图通过思考与分析来找到解决问题的方法。以这种态度帮助或辅导他人的话，对方可能会觉得，你并未真正地看到或听到他们，而只是依照一般的理论与原则行事，并不关心他们独一无二的处境。在此种情况下，检视性的男性化思维并未与心灵、爱及慈悲建立足够的连结。冷漠无情的态度亦会导致距离。因此，“距离”既可能是正向的，也可能是负面的。最高形式的男性智慧能够将“更大格局的宇宙视野”与“对单独个体的感受”连结起来。不平衡的男性能量则会导致令人生寒的漠不关心与残酷无情。

你最后提到的这一点是否是男性创伤的核心：紧闭之心，缺乏与整体的连结？

我们已经讨论过女性创伤，亦即腹部的能量空洞、缺乏自我价值感，以及错误的“无我”形式。男性的内在也同样存在着能量创伤，它位于心部。回顾我们之前讨论过的出生，或许你还记得，女性能量作为“母亲”，难以放手自己的“孩子”——内在那与整体分离、成为“我”的男性部分。这个孩子（灵魂的男性面向）将此看作是母亲（女性面向）对自己的拒绝与否定。她试图将他留在身边的行为，在他眼中也成了限制自己行动自由的行为。此处衍生出一种男性倾向，亦即将女性能量看作是一种想要剥夺自己的自主权与独立性，且终将吞噬自己或令自己窒息的力量，并因此对这一母性面向深怀恐惧，满心抗拒。而与此同时，男性能量又非常渴望与女性能量建立连结，没有她，他觉得自己并不完整。最高形式的“母性”代表着一切万有，那个以充满爱的形式将一切的一切都连结在一起的“一体性”。没有这一连结的话，你们会感到空虚寂寞。你们的心会日益枯萎，人生也变得毫无意义。与女性能量脱节，甚至背道而驰的男性能量便有可能陷入这种状况。从宇宙视角来看，个体出生的那一刻，男性能量就陷入了一种激烈的内在冲突，一方面是分离、成为独立个体的内在冲动，另一方面则是希望与整体、与母性之爱保持连结的强烈愿望。

正如女性能量有自己的阴影面向（占有欲、操纵性与无力感），男性能量也有自己的阴影形式，主要表现为“对自由的过度渴望”。想要成为一个独立的个体，“自由”对此非常有帮助，也是不可或缺的。然而，倘若对自由的追求主要表现为抗拒连结——无论何种形式的连结，拒绝“给予”和“奉献”，就会形成空泛单薄的自由，并终将导致彻底的分离与隔绝。这时，蛰居内心深处的不仅是对“向他人敞开自己”的惶恐与惧怕，还有“与他人保持距离”的强烈渴望。这种形式的自由不仅不会带来充实感，反而会导致一颗封闭之心，以及掏空你内在的麻木不仁。本想成为“独立的我”，然而却退化成再也无法对“异己”持开放态度的“自我”。最初对自由的渴望最终变成了牢笼——自造的牢笼。

就是说，会出现同理心以及高度敏感的对立面？“封闭之心”是缺乏同理心、漠不关心、残忍甚至攻击性的温床吗？

确实有这种可能。一颗封闭之心以及缺乏感受力永远不会为一个人带来喜悦与充实感。随之而来的则是“与生命本身日渐疏离”，其后果之一便是无比的焦虑。如果想要消除这种焦虑，但却在精神上尚未变得成熟，不愿向内走的话，便往往会做出失衡的行为。比如，一个人可能会为了获得某种感受，或者为了能够与某一人、事、物产生关联而不断地做出极端的行为，甚至有可能采取暴力手段。与自身感受相隔绝的人，其内在存在着一种空虚，这种空虚会导致极大的痛苦。

此外，还有性格柔和，因着种种原因——比如幼年或曾经的经历与体验——而与自己的内心以及自身的感受失去连结的男性，虽然他们并未有意识地做此选择，但也在某种程度上承继了这一男性创伤。他们所感受到的空虚，可能会体现为孤独盈心、陷入思维陷阱无法自拔、想要去感受却心有余而力不足以及与自己的身体缺乏连结等。他们周身笼罩着一股抑郁的氛围，缺乏生命活力，缺乏灵感与启迪，这是因为他们尚未与自己的心、与自己的内在建立充分的连结，尽管这本是他们心之所愿。

如何才能走出这种情境呢？如何疗愈男性创伤？

改善对女性能量的印象，与其重新建立连结，能够帮助你们疗愈这一创伤。举例而言，一位男性，他感觉自己在关系中难以与对方建立情感层面上的连结，那么，与内在女性——内在的女性能量——建立连结会对其大有帮助。也许，因着某种原因，比如害怕失去掌控权而变得脆弱，他对开诚布公地与对方交流自己的情绪与感受心有障碍，甚至是恐惧。这种情况下，最为重要的是，首先要诚实地面对自己的内在感受，允许它们存在，存在于自己的身体与心之中。

不再因着自己的情绪而不安，允许自己拥有这些情绪，就会在关系中变得更加自信，更有力量。与自己的连结越深，就越容易做到“在不失去自己的情况下，在关系中敞开自己”。

与自身的女性能量建立连结，尤其要重新去感受。此处，思考与运作并非最重要的，更重要的是觉察内在升起的各种情绪，在没有头脑干涉的情况下静静地觉察。这需要勇气与臣服。你可以将自己的情绪看作是来到你身边，希望能被你看见、安慰与鼓励的孩童。每个男性之内都居住着一个尚能自发地体验与表达自身情绪的内在小孩。关键在于，要与这一内在小孩重新建立连结。

有时，你们需要寻求他人的帮助。与自己内在最深处的感受、自己的身体以及内在小孩建立连结，能使你于核心层面上深受触动。这种冲击可能极其强烈，有排山倒海之势，使你对涌上来的一切暂时关闭自己。这时，你可以听从心的指引，选择一位你能够信任，愿意对其敞开自己的人来帮助你。

就性体验而言，一颗封闭之心对男性都有什么影响呢？

带着一颗封闭之心的性爱即是与对方没有情感沟通的性

爱。首先，双方中更为痛苦的是女性，因为她们与自身感受有着更为紧密的连结。如若性爱过程中缺乏真正的沟通，她们所体验到的往往是痛苦。女性仿佛更需要情感与精神上的沟通，而男性则仿佛更加注重欲望上的满足。但事实上，这只是表象而已。本质上，男性也想要拥有感受层面上的沟通，不过他们因为心灵上的创伤并不一定总能意识到这一点。有时，他们也试图借助性爱来建立心灵层面上的沟通，走近对方。然而，如果一个人感到难以从心出发，建立沟通，性爱是无法解决这个问题的，因为性爱本身不会打开你的心扉。

怎样才能打开心扉呢?

疗愈男性能量需要三个步骤，可以说，这与我们前述的疗愈女性能量的三个步骤是相对应的：

* 认知男性能量的阴影
* 与自己的内在女性能量建立连结
* 彰显更高的男性能量

第一步　认知男性能量的阴影

男性阴影是男性能量中想要完全脱离一切万有，过度追求独立自主的那一部分。这种“独立自主”不会为对方、为平等的连结与交流留下任何空间，对控制与检查对方（人、动物或自然）有着强烈的需求。在这种情况下，亲密关系则充满了争斗，“权力”是其唯一的诠释与定义。非赢即输，别无他选。

过度追求独立自主，此行为背后的动机是对“母亲”的恐惧与抗争。此男性面向认为，“母亲”紧抓自己不放，自己必须要通过强烈甚至暴力的方式挣脱出来，完全走自己的路，才能争取到自由。我之前说过，出生之际的男性能量代表着内在想要创造“个体性”的那一部分。为了能够获得成功，就必须从一切万有中跨出一步。这一步会为初生灵魂的女性面向带来创伤，她觉得自己遭到了遗弃。因着这一创伤，女性能量想要以“母亲”的身份与叛逆的孩子重建一体性。不过她所采取的方式却是禁锢他，以操纵的方式与他建立连结。男性能量对此的反应则是抗拒与变得强硬。男性能量与女性能量之间出现了裂痕，二者之间那自然的合作与互补也遭到了破坏。此裂痕或者说破裂，存在于每个个体之中。每个个体在成长过程中都将以自己独有的方式面对这一点。对于男性能量较强的人（他们既可能是男性，也可能是女性），其内心深处对自由与独立充满了向往。这一向往有时是如此强烈，甚至可能会使其难以与他人建立深刻且充实的关系。其对女性能量心存不信任，并因此而难以在情绪与感受层面上对对方敞开自己，难以与对方分享自己的痛苦与喜悦。泛泛而言，其之所以不愿意这样做，主要原因是害怕失去自己，害怕失去掌控，失去边界，或者害怕受拒。如果你深受男性阴影的影响，那么，你可能会觉得“敞开心扉”对自己来说是一种致命的威胁。这一阴影面向告诉你说，脆弱意味着失败，这无异于放弃独立自主的权利，那样的话你就输了。所以，千万不要这样做。

这种封闭的态度使你与他人的关系变得既匮乏又肤浅。不仅如此，如果你也因此而失去与自己的连结，还会出现更大的问题。如果你与自己的感受脱节，无法允许内在那些诸如恐惧、忧伤或愤怒等的情绪进入自己的意识层面，就会使自己与生命本身隔绝。系统地压抑自身的感受与情绪，久而久之，可能会导致一种容易让人错以为是“独立自主”的内在空洞，仿佛再也没有什么能够触动你。这貌似是自由与独立，事实上却并非如此。这是种空泛的自由，是一种拒绝选取，仅是拒绝就会使你的心、你的感受日渐枯竭，而它们却是将你与生命连结在一起的桥梁。一直这样下去的话，则有可能变成不会笑、不会享受、不会哭泣甚至不懂珍爱的行尸走肉。

那样的话，是否也会陷入抑郁？我感觉自己的女性阴影多于男性阴影，估计是感受“过多”而非“过少”，因此对你所描述的这种情形，难以感同身受。不过，几年前，我深陷抑郁症的时候，也感觉自己仿如行尸走肉，那时我甚至失去了哭泣的能力。这让我沮丧不已，仿佛内在已经荒芜一片，毫无生机可言。男性阴影会导致这种情况吗？

缺乏沟通，感受枯竭，这确实会导致抑郁。不过“抑郁”这个词含义比较广泛，会表现为各种不同的形式。比如较为消极被动的形式，陷入此种抑郁的人处于一种麻木、情绪低落、失去感受能力、与他人以及周遭世界日渐隔绝的状态。不过，也存在着较为活跃的抑郁形式，陷入此类抑郁的人，心中充满焦虑与不安，如若这种焦虑与不安日益增强，则可能会导致愤怒与攻击性的爆发。他们与自己及他人缺乏有意义的连结，再加上所处环境的影响，可能会导致仇恨与残忍的行为。如果这样的人同时认为自己是外在权威力量——比如其他的信仰团体、种族或国家——的受害者，他们就有可能奋起反抗这些力量，并虔诚地相信，如果打败了对方，自己的内在问题就会得到解决。人类历史上，极端的暴力行为并不鲜见。漫漫历史长河，各种战争的硝烟中，它们无处不在。最危险的组合是，一颗封闭的心，且不肯对此负起自己的责任。如果把错误归咎于他人或者某个团体，就有理由去争斗，并以这种方式使自己内心的空虚暂时获得缓解。那时，或许此人会觉得自己为人生赋予了意义。然而，在这种情况下，任何胜利都无法为其带来喜悦，其根本态度并未改变，依然是：人生就是不停地战斗，非赢即输此乃极致的男性阴影。充实感或幸福感不会从中生出，其极端形式更会导致死亡与毁灭，导致对人性、对慈悲的轻蔑。

长久以来，此男性阴影一直与人类形影相伴。不过，如今越来越多的男性与女性开始有意识地放下这一阴影。对于人类整体而言，尤其重要的是，看到两性能量在本质上完全能够很好地合作与共舞，而且二者皆能在心灵层面上为整体贡献出珍贵的力量。二者之间的抗争必须休止。具体而言，女性要放下男性在自己心目中那旧有的敌对形象，重新认知自己以及所有男性所携带的基于心灵的男性能量。同样，男性也要放下女性在自己心目中那旧有的敌对形象，亦即女性能量运用操纵力来剥夺其自由与活力的形象。不要忘了，这些形象依然存在于男性心理之中，影响着他们与母亲、伴侣和女儿的关系。对基于心灵的女性能量的真正了解，首先是指对自身这一能量的了解，能够消除他们对女性阴影的恐惧。对于男性而言，内在的女性能量是不可或缺的。借由自身的女性能量，他们能够与自己的内在重建连结。对他们来说，至关重要的是，体验到自己在无须放弃自由与个体性的情况下，也能够与女性能量建立连结。

那么，我们就来到了第二步。

第二步　与自己的内在女性能量建立连结

疗愈男性能量，至关重要的是使男性走向自己的内在女性，与其相遇。这是他们内在能够感受、充满直觉、想与他人建立基于爱的连结的那一部分。内在女性代表着女性面向，允许她进入你的觉知与感受的话，她会助你敞开心灵，并鼓励你不再过度地运用头脑去掌控。此处，我想特别提一下那些正在经历从自我到心灵过渡的男性，因为这本书也是为他们而写的。这些男性很愿意为自己的阴影负起责任，直面自己的内在空洞。关于这一阴影，你可以试着这样做：静静地坐着，与自己的身体建立连结，尤其要认真地感受一下自己的双腿与双脚，缓缓地深呼吸，腹式呼吸。然后开始观想，一片阴影出现在你的内在视觉中，它携带着有关你心灵创伤从何而来的信息。阴影中伫立着一个教导你“作为一个男人必须做到什么”的身影。他来自过去，或许他看上去有些像你的父亲、老师或者其他某个权威。放空头脑，请这个身影从阴影中走出来，使你清楚地看到他。他并不一定是你认识的人，也可能是某个幻想形象或是一个动物。仔细观察他所散发出的能量，或许他也在向你传递某些讯息。他是否怒气冲冲？是否相当严厉？是否充满恐惧或戒备？你要看到，他用有关“男子气概”的虚假形象影响了你。你接纳且内化了这些形象，心灵创伤亦因此而生。

现在，观想你的心中居住着一个孩童。尽管这些虚假观念不断地侵入，但他依然保持着纯真，依然充满了自发性。请他走出来，站在你的面前。你在他身上看到了什么？他心中有何感受？他能够为人们带来什么？又有什么能为他带来真正的喜悦与充实？想象你向他伸出手，对他负起责任，成为他的父亲与保护者。你将他带出阴影，脱离你刚刚看到的那个形相的影响。这会打开你的心扉，你也因此而更加了解自己真正是谁。

与自身的女性能量建立连结的过程中，或迟或早，男性都要面对自己那些与母亲有关的情绪与感受。对孩子而言，母亲在其面前所展示的，是其人生中第一个女性能量的形象。当你逐渐长大，进入青春期后，母亲对你追求独立的渴望做出了怎样的反应？你是否觉得她赋予你一定的空间，并以充满兴趣与爱的目光看着你成长与绽放？或许，你的母亲也于内在经历过阴影，正如其他的女性一样。至关重要的是，不要因此而使你对女性能量的大体印象受到扭曲。你的内在携带着独立于这一阴影、基于心灵的女性能量。你可以将她想象成一直与你同在，以温柔与爱拥抱你的内在形相。请允许自己接纳这一女性能量，允许它填补你的心。借由接纳她，你那更高的男性能量会被激活，你也会觉得自己变得更加完整。对于男性而言，越接纳自身的柔软与温和，就会越信任自己的直觉，不再受锢于头脑。他自身的女性能量所携带的温暖，那富于滋养性、连结性与呵护性的温暖，会带给他归家的感觉。他也会自内而外地打开心扉。

不仅如此，这也会为他与女性的关系带来积极正面的影响。心有创伤的敏感男性，可能会因着对内在之“空”与“冷”的知觉，而于内心深处渴望女性的温柔与呵护。然而，如果他不知道该如何借助自己的心灵能量来消除这种“空”与“冷”，这一渴望可能会染上绝望的色彩。对女性的向往也可能会变得做作不自然，甚至带有强迫性或乞求性。而这不会成为遇见一位女性，或与一位女性建立关系的良好基础。如果他试图借由外在的某位女性来疗愈自己心中的创伤，自己不负起责任，就可能会吸引来因自身的无力感与阴影而滥用其情感依赖的女性。这种情况下，他可能会在关系中失去自己。他不仅未能获得自己所渴望的女性能量，自身的男性能量最终也会受到伤害，因为他允许自己的边界被侵犯，且未对自己保持忠诚。借助他人的能量来消除自己的内在空洞最终会使人远离自己的内在核心。

接纳自身女性能量的另一个方法是，运用我前面提到的方法，时时与自己那充满自发性的内在小孩建立连结。这很简单，日常生活中，如果你需要做出某一选择或决定，无论大小，都与内在小孩沟通一下，看看他或她有什么想法？他或她的自发反应是什么？借由走向内在，有意识地用心去感受内在小孩的想法，你会以完全不同的目光看待自己做出的各种选择。这会激活某一能够为你、你与他人的关系带来巨大改变的内在过程。

你之前说过，封闭之心是系统性压抑自身感受的结果。不过，只要一个人还在主动压抑自己的感受，就说明这些感受犹在，而且相较于“几乎毫无感受”的情形而言，允许自身感受浮出水面还不是那么难。记得有那么几次，来我工作

室的男性对我说非常想与自己的感受建立连结，但就是做不到。他们不知道该怎样做。比如，他们的生活过得相当不错，不乏各种美好的事物，可是他们却无法真正地享受。他们非常想享受，却心有余而力不足。我想问的是，“再也不愿感受”与“再也不能感受”二者是不同的，那么，如何解决“再也不能感受”这一问题呢?

再也不能感受（缺乏沟通、空虚、抑郁、孤独）是否认内在情绪这一漫长过程的最后阶段，其实也是我时时提起的男性心灵创伤。作为一个个体，你们所携带的能量来自长时间的教育与教导，以及有关两性能量的集体信念。因此，非常有可能，一位年轻男性在这一生并未遭受到什么创伤，却有一颗封闭之心以及严重的行为问题。男性的心灵创伤并不轻于女性的腹部创伤，其影响同样深重，也因此，认知与了解这一创伤非常重要。我认为，如果没有认知与疗愈这一创伤的话，战争、环境污染以及贫困等世界性问题是无法得到解决的。人们可以在头脑层面上不断地思考，比如策略、分析以及新技术等，但是，没有一颗开放之心，一颗能够感受与体验自己与一切生物连结的开放之心，就缺少真正做出改变的动机。而如果背后还有“人生就是一场众生相伐的战斗，我只能孤身作战，非赢即输”的阴影想法在起作用，那些旧有的反应就会一直持续下去。只有认知与超越这一阴影，改变才有可能发生。

你问该如何做？我对此的回答是，改变会自下而上地发生，借由越来越多的男性那已敞开的心灵。他们将成为新一代青年男性的父亲，这些男性越来越认为，以一颗开放之心生活本是理所当然之事。这一过程需要时间，不过序幕也已拉开。人们越有觉知，这一过程进行得就越快。来你工作室询问“我想与自己的感受建立更深的连结，却不知该如何做”的人，已经于内在领域迈出了不止一步。他们看到了与自身感受建立连结的重要性，这意味着，他们已将关于男性特质的虚假形象置于一边。这是决定性的一步。然而，纵使一个人已在精神上从旧有阴影中解脱出来，其内在，那经历了诸多过往经历的浸染与塑造的内在，还需要时间来疗愈其所遭受的深度创伤与痛苦。请给自己时间，尤其是空间，接纳本然的自己。即便你只是偶尔地向前迈出一小步，也没有什么不好。催促自己或自责进步缓慢，这样做没有任何意义，甚至还会起反作用。提醒自己，让自己看到基于心灵的意识觉知所具有的柔软与温和。你越接纳本然的自己，就越容易被带入心灵之流。随着你越来越放松，越来越感到安全，你的感受之门也会自行开启。女性能量会回到你之内，因为她本就是你的一部分，是你灵魂的一部分。

第三步　彰显更高的男性能量

随着男性日渐敞开心灵，重建内在两性能量的平衡，他们也会越来越得到内在的鼓舞与启迪。他们的智慧与洞察天赋——前面提到过这是男性能量的更高面向，也会日益显化。至于具体是如何显化的，则因人而异。重要的是，男性越来越关注能够填补心灵、滋育心灵、带来喜悦与连结的东西。停留在自我层面上的人，其目标主要是成就、权力与他人的首肯。他们内心深处蛰居着一种恐惧，亦即害怕本然的自己不够好，无论男性还是女性皆如此。对于男性能量过强的人，这种恐惧可能会导致证明自己、夸大自己以达成所愿的强烈需求。其不断夸大自己的形象，否认真实的自己，用成就、财富或权力来填充内在的空虚。不过，那种“也算是个人物”的感觉以及成就或权力所带来的兴奋总是暂时的。内在的空虚时时探出头来，使其心神不定，或者感觉一切都毫无意义。此乃心灵的叩门声。越真切地感受到成就或财富并不能带给自己真正所需要的，就越会对心灵的呼唤敞开心扉。

不过，你首先会进入过渡阶段，在这一阶段，你不再那么肯定与确信，甚至被切身体会到的空虚与无意义感压倒。这是一个极其关键的阶段。自我已无法使你满足，而你尚未与自己的内在建立足够的连结，以能找到新的方向。事实上，许多男性正处于这一阶段。他们已经发展到一定程度，能够于内在感受到来自其他事物的呼唤，感受到那些比外在成就更为重要的事物。只是，他们不知道下一步该如何走。在你们所生活的世界，尤其是一些西方国家，灵性修习仿佛是禁忌。这对这些男性而言，不会起到任何帮助的作用。以自我为出发点的生活（恐惧、争斗与竞争）颇具限制性，恰恰是体验到这一限制性的男性才强烈渴望与自己的内在，亦即自己的核心建立连结。如若否认这一需求与渴望的存在，像对待中世纪迷信思想那样排斥它，就会偏离通往“来自内心深处的启迪”的道路。心灵将人们提升至超越自身个体性的层面，助人们与更大的整体建立连结。男性的心灵是他们通往感受与直觉的门户。一旦他们走入这一领域，就会体验到与自己，与自身感受，与妻子、子女及朋友之间更深的沟通。这种沟通与连结为他们的人生赋予意义，使人生变得更加充实。男性所需要的，为人生赋予意义的真正渠道是，与自己、与他人建立富于生机与活力的沟通与连结。当代艺术、音乐或文学所呈现出的疏离、虚无主义以及超现实主义，其实都是匮乏在呐喊，我的意思是“有意义的沟通”的匮乏。缺乏沟通，缺乏心与心的交流，是这一时期最为严重的问题之一。这并不仅仅是一些人的个人问题，而是涉及这个社会的所有领域。

建立真正的沟通意味着，对对方的个体性持真正开放的态度。你对对方的内心敞开自己。只有承认人生并不仅仅是“自我”之间为了生存而进行的争斗，这种形式的沟通才会成为可能。上述这种愤世嫉俗的人生观源自在分离之路上走得过远的男性能量，它阻碍了真正的沟通。只有有关“一体性”的看法被接纳，人们意识到万物相连，共同构成一个整体，基于心灵的意识觉知才会真正地进入人类，进入社会。因此，人们需要一种“新灵性”，它能帮助人们感受到这种一体性，而与此同时，亦不会陷入规则、教条或说教的陷阱。正处于从自我到心灵意识过渡的男性与女性是这一“新灵性”的缔造者。它将成为符合地球实相的、更具人性的灵性，它坚定地立足于生活之中，将男性能量与女性能量的更高面向连结起来。

疗愈男性创伤的第三步是，激活自己内在更高的男性能量。每个人彰显自身能量的方式都是独一无二的，也不存在“灵性职业”与“非灵性职业”之分。这种区分是旧有的想法。只要你体验到启迪与喜悦，受到它们的滋育，你所做的就是灵性的。如果你随顺灵性之流而行，就会感到自己被微微提起，不再深陷于物质实相那沉重的能量层中。就是说，你无须再为了自己的目标而抗争或战斗。你是被承载的，即便你依然需要面对内在的旧有痛苦或负面能量，只要你选择从心而行，就会获得帮助。这一帮助主要来自你的内在，你允许自己的内在来施展“魔力”，为你吸引来日常生活中所需要的东西。此外，还有来自“整体”的帮助。如若感受到自己与更大整体之间的连结，你会更容易放下掌控的愿望与行为，这时，宇宙就能够带你踏上全新的历险之旅。

敞开心扉的话，男性也更能在心灵层面上与子女建立连结。对于“为人父”而言，彰显更高的男性能量，其意义何在？

意义深广！母亲在抚养子女方面长期扮演着主导性的角色。父亲陪伴子女的时间相对比较少，抑或常常以权威及命令的方式与子女共处。这两种情况都缺乏与子女心灵层面上的连结。其结果是，不仅子女因此而受苦，父亲也失去了借助子女特殊品质来转化自己，并对新意识敞开心灵的机会。子女也一直是父母的老师。他们在人生初期需要父母，年幼的他们在身体与情感层面上的依赖性，必须得到诚正的对待。母亲扮演着照顾与呵护子女的角色，她看到子女的脆弱，想要保护他或她，使其安全地成长。父亲也拥有呵护与保护子女的能量，不过相较于母亲而言，其与子女之间的距离更大一些，也正是因此，他在帮助子女变得成熟这一点上，能够起到更大的作用。借由偶尔任子女跌倒，让其自己去面对，发挥与运用自身的能力或力量，父性能量更能激发子女的独立性。这种爱对子女而言是不可或缺的，这使子女变得更有自信。想要带给子女这样的父爱，首先要与子女建立情感层面上的连结。以自己的既有观念为出发点来强迫或命令子女，乃是忽视与否定子女自身的独特性，阻碍他或她做真正的自己。

我想强调一下，对于男性而言，以一颗开放之心对待子女，带着全然的爱参与他们的成长过程，参与他们所面对的两难困境以及他们的选择，会起到疗愈自己、疗愈心灵创伤的直接作用。最初，子女对父亲有着全然的信任。他们依赖父亲，在最初的人生阶段将父亲看作是自己的领导者。因此，请担负起“领导者”这一责任，不过并非借由盲目地制定各种规则，或者越俎代庖，替子女做决定，而是帮助他们看到自己那做出抉择、迎接挑战、建立自信的能力。你那颗父亲之心充满了爱，请信任它。引导子女的时候，请跟随自己的感受，调协于他们的真实本质，他们的内在，他们的个体性，尊重他们对自由、对新事物的渴望。你于内在也深知这一渴望。或许你会因此而发现，你在生活中已经压抑掉自身的独创性以及对新事物的渴望。在照顾与保护子女的过程中，或许你会发现，自己内在也有一个未能全然表达自己的孩童。鼓励子女建立自信，坚信自己的独特之路，这样做，你也能够帮助自己的内在小孩卸下旧有负担。这一邀请来自你的子女，这是他们带给你的礼物之一。“为人父”并非单行道，不仅子女需要父亲的关注、参与和陪伴，父亲也需要子女所展现出的独创性与纯真，这会助他重新发现自己，从而敞开心灵。

第八章

心灵层面上的性

如果男性与自身的女性能量建立连结，女性与自身的男性能量建立连结，他们是否会双性化，或者说中性化？两性之间的对立性甚至是吸引力是否也会随之消失？

如果男性与自身的女性能量，女性与自身的男性能量建立起连结，他们会更加依循内心的愿望而行，自身也会变得更加完整。也因此，他们之间的相遇将是心灵与心灵的相遇。你问这是否会减弱两性之间的吸引力？我的回答是，他们之间的吸引力将会因此而获得转化。

单纯就身体与本能层面而言，每个人都有性欲，需要借由性行为来获得满足。可以说，这种驱动力是最基本的能力，并未被个体化。也就是说，在这一层面上，你并未爱上某一特定的人，不过生理欲望使你产生性需求，正如你对饮食和睡眠的需求一样。

接下来则是情感的层面，你渴望与他人建立连结，渴望爱、慰藉、鼓励与友谊。而如果这些情感上的需求与天生的性需求有着一定的连结，就会出现“定向”的爱情。你不再只是想要进行性行为以满足自己的性需求，而是想与某个唤起你性欲、强烈吸引你的人在一起。相较于前者而言，这种吸引力处于较高的阶段，因为你在情感层面上也受到了触动，你在寻求超越生理需求的亲密与连结。

不过，你尚未进入心灵的层面。当你爱上一个人，却尚未觉察与认知自己内在的阴影时，你往往会感受到来自对方的强烈吸引，而且心中怀有对方能够以某种方式拯救自己，使自己获得解脱的希望。你携带着自己并不理解的内在之痛，而且，与对方在一起时所体验到的愉悦与极乐也使你更加确信这就是属于自己的路。然而，一段时间后，你会发现，对方无法消除你的内在之痛。未唤醒自身男性能量的女性，会陷入典型的女性陷阱，而与自身的女性面向缺乏连结的男性则会呈现出典型的男性阴影特性。随着时间的推移，双方之间最初那强烈的吸引最终会演变成劳燕分飞、悲剧甚至互相之间的指责。此时，也往往会出现典型的“金星——火星之对立”(“男人来自火星，女人来自金星”的说法)，仿佛男性与女性来自不同的星球，几乎毫无相似之处。

将充满强烈吸引与排斥的游戏看作是“真爱”，此乃误解，甚至是极大的误解。这是不成熟的爱，它所带给你的，远不及真正且充实的爱情关系在心灵层面上所能带给你的一切。初坠爱河之际，相互之间的吸引力确实非常强烈，然而，这种渴望之火狂野不羁，它所做的是“烧毁”而非“带来温暖”。尽管如此，这种相遇往往是内在成长与觉悟的开端，即便结局是曲终人散亦如此。它将你带出“舒适区”，且不管怎样都能为你带来变化与更新。最重要的是，它让你看到“自我认知”以及“对自身阴影负起责任”的必要性。

而基于心灵的关系，双方之间最根本的吸引力是灵性的，其次才是身体与情感层面上的。“灵性吸引力”的意思是，双方在心灵层面上认出了彼此。这种形式的连结是一种能够开启一切的深度体验，亦如借由他人回到自己的内在核心。透过他人的双眼，你更清楚地看到自己的内在之光，从而更加接近真正的自己。对方帮助你走近真正的自己，更加爱自己。他或她敬重本真的你——你那独特的内在能量。相对于仅以身体及情感层面的吸引力为基础的关系，基于心灵的关系不会去填补各种各样的空洞，也因此不会导致相互间的依赖。当然，对方不在身边时，你会对其充满思念，不过维持这段关系的并不是“匮乏性需求”而是喜悦。因为关系双方都知道自己于内在是完整的，所以两人能够真正地互相给予。其背后既不存在秘而不宣的动机，也不存在权力需求。

基于心灵的关系是心灵与心灵之间的关系，其特征是在一起时的喜悦，愿意设身处地为对方着想，发自内心深处地尊重对方，如其本然的样子。在情感层面这种关系极具疗愈性。因为你感觉对方了知真正的你，你们的关系为你的人生带来了安宁与稳定。也因此，无论在这段关系中还是在社会上，你都能够越来越显著地彰显自己的内在能量。而成长并绽放于这段关系中的爱，也会感染这个世界，感染他人。你们对彼此的爱会溢入地球实相，在这个世界结出丰盛的果实。

在这种关系中，在纯粹的生理层面上，你们依然保持着男性或女性的身份；在情感层面上，你们的性别也依然影响着你们对各种事物的体验与反应。也就是说，你依然是一位女性或男性，只不过这一生理极性，有时也是情感极性，会成为愉悦与丰盛的源泉，而非争斗与疏离的根源。当对方展示出自身的某些“男性习惯”或“女性习惯”时，你们能够会心地展颜一笑。不仅如此，你们也对对方与生俱来的“男性特质”或“女性特质”心存敬佩。在基于心灵的关系中，男女双方的互动被提升至更加轻松自在的崭新层面。

那么，这对性爱有什么影响呢?

这取决于关系双方对性爱的态度。你们中的许多人在性体验上都受到过伤害。男性与女性在彼此心目中依然存在着旧有的“敌对形象”。此外，还可能存在着性虐待所留下的创伤，而且这并不一定仅仅来自当前的记忆。对于性爱，你们往往感到羞耻，且缺乏开放的态度。将性爱看作是愉悦的源泉，可以喜悦地体验性爱，这与你们自小到大所受到的传统文化熏陶大相径庭。如今，虽说人们的性开放程度远大于从前，可是，又有多少男性或女性对自己的身体与性渴望真正地感到自如自在呢?

进入基于心灵的关系，并不会魔术般地解决这些问题。

不过，这样的关系为伴侣之间的相互尊重与信任提供了温床，为他们逐渐放下这一领域的旧痛、恐惧与不确定感创造了机会。关系双方越放松，越敢于臣服于对方，性爱就会变得越轻松愉悦。如果性欲与性渴望不再被视作禁忌，人们可以坦承自己对性的自然向往，那么性欲与性渴望反而会减弱，不再成为性爱的主宰因素。这是因为，禁止一项事物反而会放大它，赋予其变得罪恶与堕落的机会。如果你能够接纳自身的欲望，将其看作是生命之流，你会发现，你想要的并不仅仅是对性欲的满足。你想要与对方建立沟通，想要感受对方的本质，感受与对方的亲密。欲望并不会因此而消退，而是与对相互沟通的向往相伴而行。重点在于，为性能量的流动赋予空间，且同时保持与对方的内在连结。如此这般，你们不仅在腹部层面上彼此相连，在心灵层面上亦如此。此乃充满灵性的性爱，它会在身体与精神层面上充实你，滋育你的性爱。

这听起来很美，不过真正实行起来，却并不是那么容易。

当然，不过你要放下各种各样的理想愿景，允许自己去探索，去实践，不要期待完美。对于女性（以及女性能量较强的男性）而言，重要的是，首先接纳自身的欲望，将其看作是流动于自己身体之内的能量。性欲曾被看作是禁忌，如果不断否认与谴责自己在这一方面的渴望与欲望，终会为自己带来沉重的打击。事实上，性欲之中也蛰居着生命活力与生命渴望。性爱并不等同于性行为，而是远大于它。性能量是蛰居于海底轮的生命能量，它能够以各种不同的形式彰显自己，比如色欲、广义上的享受、创造力以及灵性与直觉之流，它能够在诸多层面上表达自己的生命之火。无法体验到欲望与兴奋的女性往往并未安居于自己的身体，也往往难以与自身的创造力及生命喜悦建立沟通。此处，其腹部空洞的问题非常明显，一目了然。

女性，尤其是那些从上述描述中看到自己的女性，我对她们的建议是，与伴侣进行性行为时，最好是专注于自身的愉悦，自内而外地深入感受自己内心的希望与愿望，坦然地设定界限，暂时以自己的享受为先。这些女性天生便已颇具同理心，对她们来说，更重要的是以自己为中心而非将全部注意力集中在对方身上。随着她们越来越安住于自己的内在根基，对自身性能量越来越感到自在的情况便自然而然地发生。

对于男性（以及男性能量较强的女性）而言，可以说恰恰相反。他们往往更容易感受到自身的欲望，对他们来说更重要的是引导自身的性能量。若不关注与引导自身的性能量而是受其主宰，这会在与对方建立心灵连结的道路上，成为不可忽视的绊脚石。受制于性欲的人，其体验到的性爱质量会降低，本可以运用于创造灵性领域的生命能量也会离其而去。想要驾驭这熊熊之火，与自身的女性能量建立沟通是必须之举。了解自身感受且安住于心的男性，如果爱上了某个人，就会对其满心爱慕，满心温柔。出于尊敬，他会让自身的性欲为爱侣服务。而这恰恰会使他在性爱中感受到前所未有的激情与热烈。一旦肉欲与心灵上的沟通结合在一起，性爱体验会触及身体的每个细胞，使人整体获得提升，相较于仅是为了满足肉欲使人更加感到圆满而言，借由心灵层面上的沟通，身体被提升至更高的振动频率，性爱双方会感觉更轻盈，更具流动性，双方之间的界限也变得更加模糊。

正处于从自我到心灵过渡阶段的人，无论男性还是女性，都寻求心灵层面上的沟通与连结。心灵层面上的连结并非“无性的”。两性能量在成熟人格中的整合，会使此人更为双性化，但并不会使其变成“无性的”。事实往往恰恰相反。越增强与自身心灵之间的沟通与连结，就越能开放、自由地去爱。在某种程度上，“灵性连结”在你们耳中听起来并不性感，可是，还有什么比“与对方的内在精髓紧密相连”更性感的呢？真的，心灵是愉悦的最深源泉，身体是其外延。如果身体受到了灵性之流的感染，你会在更深的层面上享受愉悦，你会感到这就是爱。

想到灵魂层面上的性爱，我看到的是，两个能量场，五彩缤纷的能量场，在共舞中逐渐融合在一起。而且在两个能量场的中心，我能感觉到两个灵魂完全合为一体。实现融合的那一刻，一种“神之触碰”相应而现，这让人意识到自己正是某一更大的整体，充满爱与智慧的整体的一个组成部分。

是的，性爱中蕴藏着一种神秘的寓意。在心灵层面上与对方合二为一，你会扩展自己的空间，放下自身的界限。你与对方相遇，在敞开自己的状态下，你也会体验到某一驱动你们、将你们双方包含在内的更大整体。借由透过对方来体验一切万有，体验这一伟大整体，你会被“点化”。这就是性爱的秘密。借由臣服于对方，建立心灵层面上的连结，你能够暂时放下自己，对对方敞开自己，如其本然的样子。在这种敞开的状态下，不仅对方能够进入你的世界，你们还会共同创造出一种更大的东西：你的灵魂被激活，你的心灵也被某一极其原始古老的振动所触动。由此，你更加接近真实的自己，成为更大的自己。

在性爱过程中暂时“失去自己”会助你与自己的内在建立更深的连结。对方即是通往此更深连结的门户。他或她独特的能量，你对他或她的爱，会摧毁你在自己周围建起的保护墙，撼动你人格中刚性顽固的部分，使你能做到臣服。坠入爱河时你所感受到的脆弱，正是你所能体验到的最强大的力量之一。你的自我保护机制变得异常敏锐，与此同时，却有某一古老的力量将之击碎，使你完全敞开，变得脆弱。这一脆弱是走向爱的第一步。坠入爱河，并被对方深深吸引之时，你是无法继续掌控一切的。性爱所具有的“突破与超越疆界”的面向或者说特质，使其能够成为通往“神秘点化”的门户。你透过对方接受点化，进入自己内在的神秘疆域。

这只能借助对方，借助性爱吗？还是也可以借由其他方式，比如静坐冥想、内省与觉醒？换言之，是否能够不借助他人，仅凭自己的力量来实现？

通往“觉醒”与“敞开心灵”的道途可谓形形色色，并不存在最佳之路。你只需问问自己，为什么会偏爱其中的某一条路。如果你对性爱所具有的不可思议的力量与深度心有恐惧，并因此而偏爱通往“与内在合一”的独行之路，那就要注意了。恐惧并不是躲避或放弃的充分理由。要敢于直面恐惧，开放且诚实地面对自身的需求，即便它们使你感到痛苦，使你变得脆弱。

许多人对爱情感到失望或者不再抱有幻想。你们所有人都对爱情中的吸引力颇为敏感，而与此同时，在这一领域，你们也可能会体验到许许多多于内在撕裂你们、使你们感到迷惑的阴暗情绪。比如，感觉自己对对方完全敞开，呈现出自己的脆弱，而对方却抛弃了自己。或者不顾一切地投入爱情，并因此而失去自己，放弃了所有的界限。你不但没有提升至心灵的层面，反而变得依赖对方，再也无法感受到自身那坚稳的内在之锚。这种情况下，你可能会感到心灰意冷，觉得最好还是知难而退，放弃内心的愿望与需求。诚然，无论历时长短，“单身”一段时间，重建“自身力量”与“自我价值”，这可能会对人大有裨益。然而，如果一直因曾经的痛而退缩不前，将自己隔绝起来，就会重新高筑心墙，与自己内在的连结也会因此而受阻。因此，你无须借助他人来回归自己，不过要保留这一可能性，不要将其拒之门外。选择能够为自己带来喜悦的道途，保持开放，看看生命会带给自己怎样的惊喜。

有些灵性老师在他们的教导中，对于陷入爱河以及爱情所唤起的各种感受持轻视态度。他们认为这些都是幻相，是昙花一现。可你却说爱情是能够使人与自己的内在建立深刻连结的原始力量。这到底是怎么一回事呢？

爱情是一种能够触动人本质核心的原始力量，此乃经验事实。泛泛而言，对这一普遍经验的轻视或贬低，往往显示出一个人对生命的敌意。如果一个人对爱情持讽刺挖苦的态度，那么基本可以确定，此人要么曾因爱情而受伤，要么害怕因坠入爱河而失去控制。

真正的灵性教导以人类经验为出发点，爱情是其中的一个重要的体验，它使人敞开心扉，且源源不断地为音乐与艺术工作者带来启迪，它一直伴随着人们，直至死亡。如果轻蔑与忽视这一体验，就可能与自己的人性失去连结，这也曾是诸多灵性老师的命运。他们中的许多人都对这一蕴藏在每个人之内的、情感与感官层面上的强大力量心存恐惧与不信任。颇具讽刺意味的是，压抑或否认这一原始力量，只会使其变得更为强大，并最终无法驾驭。最执着于性的人反而是那些因某些毫无生活根基的评判而具有否定性的人。正如那些迫使自己控制情绪、压抑愤怒的人，他们一旦暴怒起来，是无人能比的。关于灵性自我实现的真正教导，不会脱离性、激情、情绪等原始力量，它需要人们与其合作，将其看作是人类行为的基本驱动力。

完全同意。不过，坠入爱河尤其是爱情悲剧，有可能使人完全失衡，甚至深陷悲伤与绝望，沦入瘫痪与崩溃的境地。你在前面的章节提到了“浪漫的愚蠢”，以及它如何使人失衡。这又该如何理解呢?

爱情是一种原始的力量。原始的力量较为粗犷随意，不会按部就班地遵从某一步骤明确的计划。原始力量意味着混乱与狂野，创造与毁灭。因此，“爱情悲剧”可能会将你拉至深渊边缘。然而，恰恰是在那里，在深渊的边缘，存在着能够助你在人生之路上继续前行的核心洞见与体验。诚然，爱情痛苦可能会使你深受伤害，你也可能会被不现实的期待或者对内心愿望的误解牵着鼻子走。可谓是陷阱重重。至关重要的是，试着将情绪、性及激情的力量，与觉知及爱的力量连接在一起。此即炼金术，这种转化是灵性成长与自我实现的金钥匙。不要抗拒“黑暗”的力量，而是要与其合作，将其看作是生命的源泉，看作是与内在建立更深沟通的门户。具体来说，这意味着愿意接纳自身的渴望与情绪，并保持意识觉知。运用意识觉知的目的并不是“规划”与限制自身的激情与情绪，而是理解这一原始力量，顺流而行。举例而言，你爱上了一个人，并觉得自己身不由己，被某一无法用理智来掌控的力量牵引而行。你决定不去试图与之对抗，而是全然地觉知它，与之同在。或许，此时的你心想，只是静观，却不采取任何行动，不去干预，这能有什么用？然而，这却是你所能采取的最有力的方式。那些真正深刻的情绪与感受，比如爱、失亲之痛以及恐惧，是根本无法干预的。个人意志或理智根本无法与其抗衡，干预无异于螳臂当车。然而，流经你的情绪之流既不盲目，亦非毫无意义。它是有方向的，只是你对此茫然无知。请放下掌控，不过要同时对其保持觉知。不要评判它。接纳自身的感受，相信它的存在与出现绝非毫无意义，如此这般，你会开启一个炼金的过程，一次真正的内在转化。你若能对内心涌起的情绪与激情持完全开放的态度，觉知的力量就能够与腹部力量携手共舞。换句话说，心与腹就会连接在一起。这时，你会感受到对自己的深度慈悲。若你接纳这一切，接纳自己的痛苦、渴望与情绪……内在的抗争自会消失，自我疗愈亦会自行发生。若你能够带着觉知去体验这些痛苦、情绪与渴望，它们就会助你在地球实相中彰显自身的能量。只要你接纳那些于内在触动你、驱动你的一切，尊重内在的原始力量，信任其固有的自然韵律，你所携带的创伤就会得到疗愈。

我明白你的意思，不过，我还是怀疑那最原始、最动物性的性行为中，是否存在这种天然的智慧。性欲中不是也含有一种盲目的征服欲吗，就像动物那样？比如，作为一群之首的雄狮，因其首领身份，有权与狮群中所有的母狮交配。权力与性是联系在一起的。

就此，我还想补充一点，我感觉男性对性欲的体验不同于女性。男性的性饥渴中蕴含着一种征服欲，而女性性欲中则蕴藏着被征服的渴望。我觉得，这两种本能中，都存在着一种盲目、冷漠、追逐权力的因素。如何才能信任这样的原始力量呢？

在人类社会中，性与权力紧密地交织在一起。然而，在动物世界中，我不会使用“权力”这个词，因为对动物而言，并不存在什么“自我”。动物拥有对自身界限的明确认知，以及强烈的生存渴望，不过它们并不具备人类所谓的“自我”。“自我”与“权力”唇齿相依。就动物而言，雄性动物的征服欲是一种延续自己血脉的本能愿望。雌性动物希望（在某种前提条件下）被征服，是因为它们想要满足繁殖后代的本能愿望。在动物群体中，任务与责任的分配是平衡的。成员们接受这一分配，因此并不存在借由“滥用权力”来主宰的现象。

而人类世界却截然不同。动物性的性欲确实存在，不过这与情感需求以及对沟通与爱的需求交织在一起。驱动人类性爱的还有一个动机，亦即暂时消除与对方的分离。这一驱动力非常重要，它超越了“繁殖愿望”，将性爱转化成灵性力量。诚然，性爱存在着动物性的一面，但这并没有什么不好。在动物层面上，起作用的仅仅是本能，并没有什么追求权力的愿望。如果性关系中出现了痛苦、攻击性与不平衡等问题，其原因往往在于双方之间的情感互动出现了问题。一般来说，人们对对方的情感需求，以及在情感方面对对方的要求与期待，导致了权力的滥用，以及精神与身体上的暴力。比如，一个人试图借由爱情关系来弥补自我价值感的缺失以及心中的空洞，需要对方来带给自己良好的感受。这种情况下，其对对方充满了渴望。这种渴望并不是纯洁无辜的，其中蕴含有对对方的依赖，这种依赖使其很容易陷入我们之前讨论过的陷阱。女性可能会因这种依赖而忽略自己，或者过度给予。男性则可能变得独断专横，想要施展权力，想要控制对方。这种情况下，可能会出现悲剧，亦即你所谓的“盲目”与“破坏性”。不过，身体的本能并非导致此悲剧的罪魁祸首。你是否见过动物陷入“关系危机”？此类问题总是出现在情感层面上，与缺乏自我觉知，缺乏自爱有着紧密的关联。肉身的性欲是纯洁无辜的。甚至男性的征服欲以及女性被征服的渴望，也不算什么问题。接纳这些倾向，与其共舞，享受它们。只要保持情绪上的平衡，了知自身的阴影以及潜在的陷阱，它们就不会带来任何伤害。

就与自身原始力量的关系而言，我觉得，可能会以两种不同的方式误入歧途。其一，不尊重这一原始力量，压抑它，将自己与生命隔离。也就是说，过度追求掌控，随着时间的推移，会变得缺乏生命活力、喜悦与创造性。其二，被这一力量牵着鼻子走，被其征服，失去自我觉知，最终成为性上瘾、受制于冲动或逃避现实的人。第一种情况相当于过久地踟蹰于旱地，第二种情况则是被这一原始力量吞没。大概是这样吗？

我想说的是，渴望与情绪这些原始力量会伴人一生，不过你可以选择是接纳还是拒绝它们。如果借由否定或压抑的方式拒绝它们的话，会使自己与生命隔绝，变得顽固不化、刻板僵硬。有时，你会在一些老人身上看到这一现象。比如，对新事物持封闭态度，认为自己已了知一切。然而，“变老”也意味着，终于接纳这些原始力量，与其共舞。每个人都必须自己做出选择。

人生中的每时每刻，你都能够运用“接纳之力量”，真正地去感受，去生活。你说接纳之力量可能会过于强烈，或许会使人迷失于上瘾、色欲或逃避现实的陷阱之中。如果一个人陷入欲望，任其主宰自己，失去自己的中心，亦失去理智，确实会出现你所说的这种情况。他不再对自己负责，任自己受制于某一力量，比如爱情。这时，爱情也会变成一种执迷的爱，具有压倒一切的气势。不过，这其实也同时是拒绝，是拒绝自己的表现。其不肯有觉知地面对自身的渴望或欲望，而是在这些力量面前压低自己，使自己成为它们的奴隶，而非主人。

就是说，存在着两种拒绝形式。一是拒绝渴望、欲望与感受这些自然的力量，二是拒绝那个具有创造性的自己，拒绝运用自身的力量与能力来有意识地“因应”这些自然力量。

好吧。那么，假设一个人执迷于爱情，失去了自己的中心，也因此而备受折磨，想要做出改变。如何才能实现改变，如何才能再次成为有创造性的、对自己负责的人呢？

至关重要的是，重新为自己创造空间。执迷于爱情的人，期待对方会为自己带来幸福与快乐，并因此而总是处于一种担心与不安的状态，生怕对方不愿再陪伴与支持自己。他将对方放大，创造出一个理想的形象。你们要知道，于内心深处认知，这是有问题的。请试着将对方看作人，而非神，看到对方的不完美，以及其光明与阴暗的面向。放下“自己会被对方拯救”的想法。只有你才能救自己。用充满爱的方式关注自己的内在，爱自己，自内而外地感受自己的身体以及爱情所带来的情绪、感受与精神压力。以柔和的目光静观这一切，关注自己，安慰自己。请告诉自己，你理解自己的这些感受，完全允许它们存在。这并没有什么错，亦非禁忌。因为它们是被允许的，你也可以安心地与自己的意识同在，无须隐藏什么。以这种方式看待自己以及自身感受的话，你会发现，自己会渐渐地放松下来。你赋予自己空间，接纳本然的自己。对自己的爱具有疗愈的力量，仅仅是对自身感受的温柔关注，就会使得自己对对方的渴望变得不再那么急切，不再那么迫不及待。

也就是说，回到自己的内在中心，无须否定自己的任何感受。

是的，回归自己的内在中心，你必须不断地重复这一过程，直至自己不再被强烈的情绪轻易地压倒，不再轻易地失衡。那时，你会明白为什么对方对你有着如此强烈的吸引力，这往往是因为对方携有的一种能量，而你自身也拥有这种能量，只需要学着去激活它，从而不再那么依赖对方。

曾经有那么几次，我深深地爱上男性能量很强、气场强大、性情耿直、强而有力且咄咄逼人的男性。有时，因他们强烈的吸引力，我感觉自己根本无法立足于自己的中心。而如果我调协于自己的内在声音，向他们请教，他们的回答总是：要唤醒你自身的男性能量，将对方身上备受你崇拜的品

质化为己有。我觉得他们的话是对的。

你越倾向于片面的女性能量，或者片面的男性能量，具有相反特质的人对你的吸引力就越大。这会导致极其强烈的爱意，不过却难以持久，因为你仅仅聚焦于对方的某些面向，而非完整的人。比如男性能量很强的人也具有脆弱、不自信的一面，且会在真正的亲密关系中浮出水面。倘若你所爱的正是对方那拥有自我意识、行事果断的一面，你可能会因此而倍受打击，你所感受到的“异极”之间的吸引力亦会随之消失。而如果双方之间具有灵魂层面上的沟通，两人的关系反而会更加深化，逐渐演变成伴侣之间真正的爱。双方都意识到他们并非构成某一整体的两个“一半”，而是两个单独的“整体”。尽管随着时间的推移，爱情不再像当初那么浓烈，多了一些亲情，然而，两个人之间性格与气质上的某些差异依然可以为彼此带来启迪与惊奇。在充满爱的伴侣关系中，对彼此的爱恋不会逝去，只是不再具有那么强的穿透力，不再那么激烈如火。对于这种爱情形式的体验是，彼此之间的惊奇与好奇，犹如一场永远不会终结的探索之旅。

可是，许多人的体验却是，在一起久了，日子会变得平淡乏味、一成不变、缺乏火花与激情。这是必然趋势还是能够避免的？又该如何避免呢？

借由保持“适当的距离”就可以避免上述情况的发生。在一起久了，两人之间的种种距离大多被消除。双方之间极为了解，对对方做出的反应也早已习以为常，往往已无新奇可言。事实上，双方之间真正的沟通亦已不再。只有对对方持开放的态度，而非理所当然地认为自己完全知道对方会如何反应，会有什么想法或感受，才能铸就真正的沟通。沟通与新奇紧密相关。为了能够重新以新奇之心看待对方，你要后退一步，创造距离，以打破上述的“理所当然”与“可预见性”。亲密关系中出现的厌倦与乏味表明双方之间缺乏沟通，这也往往是极度追求安全感、总想与对方厮守在一起所导致的结果。

在亲密关系中，想要与对方分享一切，时时事事都一起行动，这往往会为双方的个体性带来一种无形的压力。过度改变自己以适应对方会失去自我。随着时间的推移，这会导致焦虑、烦恼甚至分手的想法。有些关系中，双方已经再也无法重燃当初彼此之间那吸引力的火花了。此时，就是各自走自己的路的时候了。就某些情况而言，中断关系对双方来说是最好的选择。还有一些关系，比较有效的解决方法则是，双方重新专注于自己的人生道途，先独行一段时间，并以这种方式为双方的“重遇”创造出更多的空间。

作为总结，可不可以这样说，“觉知”与“极乐”之间的平衡，是基于心灵之性体验的必要条件？我所谓的“极乐”指的是与对方融合以及超越自身的界限。“觉知”指的则是享受极乐体验的同时，立足于自己的内在中心，不被拖离根基，对自己保持忠诚的能力。

说得很好。在极乐中，你会体验到女性能量，而与此同时，立足于自己的中心则是拥抱男性能量。如此这般，性爱之舞会变成神圣之舞，成为通往“新生”的门户——内在与外在的“新生”。

我还有一个关于女性身体意识方面的问题。你说过，因腹部的能量创伤，女性难以真正地体验自身的欲望，难以享

受性爱。尤其是那些同理心强、“给予型”的女性，她们感觉难以在这一领域占据属于自己的一席之地，将自身的享受置于首位。这是否也与“女性往往并不爱自己的身体”这一现象有关？在我看来，这个世界上存在着一个非常普遍的现象，即女性将自己的身体与所谓的“理想形象”做比较，对自己的外貌缺乏自信；相较于自己的感受与愿望而言，她们更关注他人（尤其是男性）对自己的看法。女性常常物化自己的身体，将其看作是可被欣赏或否定的“物品”。因为仅有极少数的女性能够满足所谓的“理想形象”，因此，这一理想形象也成了人们自卑、羞愧与不自信的源泉。在这种环境下，如何才能自由地享受性爱以及自己的身体呢？

首先，不要低估男性对自身吸引力与性感程度的怀疑与不自信。一般来说，相较于男性而言，女性更加与自己的身体同在；男性则更倾向于将自己禁锢于头脑的束缚之中，对自己身体的感受程度不像女性那么明晰。对外貌的关注也有可能为女性带来积极正面的影响。比如，如果一位女性更加关注自己的衣着、姿态以及如何借由外表来展示自己的感受，那么她会更加与自己的身体同在，在感受与外表之间建立起某种形式的连结。这对女性来说几乎是自然而然、不言而喻的，而对许多男性而言，却并非如此。男同性恋者除外，他们往往具有这种与身体的连结。

当然，如果关注自己外表的原因是对“人为创造的理想形象”的渴望甚至是执着，那么这种关注就会带来负面的效果。此时，对外表的关注就变成了一种“战斗”，使人失去内在与外在的连结，单方面地偏向外在层面。那些不顾一切地追求“好身材”的女性，吸引力反而会降低，因为她们缺乏自内而外散发出的风采。然而正是这一自内而外的风采使人变得更加美丽。一个人所散射出的、可察觉的灵魂能量，才是使其真正变得美丽、更有吸引力且充满魅力的因素。

男性往往以为，外在成就与财富会使他们更具吸引力。正如女性将自己的外表作为“法宝”一样，男性将自己的外在表现与技能作为法宝。在某一层面上，这两种情形毫无二致，都是对自身的灵魂品质缺乏自信的表现。这两种策略皆显示出自我价值感的缺乏。不过，这是可以理解的，因为在你们的文化中，就你们思考自己、感受自己的方式而言，灵魂缺席已久，用“年深日久”来形容亦不过分。

对女性而言，至关重要的是，敬重自己的身体，将其看作是自身感受的基座，是灵魂的表达。以自己想要的方式，感受身体的愉悦，珍视自己的身体，这都是被允许的。如果你为自己的外貌感到不安，只因为它不符合“普遍要求”或者因为它在变老，请更加立足于自己的腹部中心，不要过于关注他人对自己的看法，而是多关注一下自己对人生、对周遭世界的看法。要变被动为主动。你的观念极其重要，它决定了你会将什么样的人事物吸引到自己的人生中来。不要被动地等待自己的真命天子出现，而是要成为自己的真爱，拥抱本然的自己，无条件地支持自己。如此这般，你心中升起的喜悦与自信会对他人产生强烈的吸引力，你也会因此而不再对自己的美丽心存怀疑。

对男性而言，至关重要的是，更加关注自己的身体层面，并且能够感受到，自己之所以被爱，是因自己是什么样的人，而非自己的能力与成就。在与女性交往的过程中，男性常常不是很确定自己该如何接近女性。他们习惯于运用头脑，而在与女性沟通的过程中，头脑分析往往并不起作用，这无异于夏炉冬扇。与女性的沟通促使他们更多地借由感受来建立连结。只是，在自小到大的成长过程中，无论是家庭教育还是学校教育，都常常教导他们不要这样做。因此，男性心中的一种渴望，对沟通与连结的渴望，往往被他们诠释成或体验为居于腹部的性欲。活跃的头脑，活跃的性欲中心，而二者之间的区域，心与感受的中心，仍是尚未开垦的荒原。内在较为开放的女性，对此心有芥蒂，她们觉得，这样的男性在情感层面无异于大门紧闭的堡垒，他并没有真正地看到自己。通常而言，他并非故意如此，恰恰相反，他想要获得她的关注与青睐，只是他不知道除了运用头脑与腹部的力量之外，还能有什么其他的方法来助自己达成愿望。

与自身感受建立连结，体验情绪如何彰显于身体，对男性能够起到疗愈的作用，并能助其了解自己真正的需求与渴望。他的内在小孩也会重获生命活力，散发出自己的真实能量。与心重建连结的男性，会散发出自我觉知的能量。这一能量对女性充满了吸引力，且与其外在表现和成就无关。因为这种自我觉知，他能够展现真实的自己，在与女性交往的过程中真正地投入自己，且不会失去自身的力量与独立性。

两性共舞。

第二部分

来自抹大拉的玛利亚的讯息

1961

De Verboden Vrouw Spreekt

第一章

腹部的力量

我是抹大拉的玛利亚。带着发自内心的温暖与喜悦，我问候你们所有人。你们都认识我、熟悉我。我们是志同道合的灵魂，以自己独特的方式行走在相同的道途上。今天，我想谈一谈女性能量及其在这一时期的绽放，因为这对人类整体必经的意识转变起着至关重要的作用。无论是在世界整体层面上还是在单独的人类个体中，都需要建立男性能量与女性能量之间的平衡。长期以来，女性能量备受压抑、毁灭与侵害，并导致了片面的男性能量占据统治地位的局面。如今，乍看之下，仿佛两性之间的平衡已得到恢复，在许多国家和地区，女性几乎拥有与男性同样的权利。这些国家与地区中，女性能够像男性那样自由地彰显自己，享受教育，创建事业，占据权力位置，积累财富。

尽管如此，在更深的层面上，这种平衡却有所缺失。因为，女性以这种方式争取权力，她们所做的，其实是运用基于统治与掌控的男性能量，为自己谋取利益。这样做并没有什么错，不过问题是，女性是否能因此而于内在最深处获得充实。同样的问题是，男性是否会因拥有权力与主宰权而于内在最深处获得充实。

这一时期，越来越多的人开始寻求更深层次的充实感。充满灵感与启迪的生活、与地球及同胞的连结、随心而行而非被动地响应恐惧……诸如此类的理想影响与激励着年青一代的心灵。那基于掌控与强迫的旧有男性能量，其漫长的统治时期即将进入尾声。新一代人的思考与感受方式与此截然不同，这为女性能量的真正复兴创造了契机。这不仅包括恢复女性的社会权益、政治权利以及自由，还包括真正地疗愈女性精神上的内在创伤。

女性能量在过去都经历了什么呢？她们被精神与身体层面上的暴力以林林总总的方式剥夺了力量。史书对此早有记载，我不再进行详细的描述。我主要想讨论一下这些暴力在内在层面上对女性能量产生了怎样的影响。如果你观察一下女性集体能量场，亦即典型的女性能量场，你会看到位于腹部的空洞。也就是说，那里有一个洞。最下面的几个能量中心——海底轮、脐轮与太阳神经丛所在的区域，能量均被剥夺，出现了空洞。对于许多女性而言，这些能量中心蛰居着无价值感、恐惧与不确定感，而她们对此却往往只是半知半觉。原始的女性腹部力量既充满了活力，又有着坚实的根基，女性天生就能够感受到与地球、与季节韵律的连结，而且她们心中的智慧更是建基于一种不言而喻的自尊与自我价值感。然而，随着时间的推移，这种自尊与自我价值感已消失不再。失去了这一基础，失去了这天然的腹部力量，女性无法以平衡的方式建立心与周遭世界的连结。她们很容易过度给予，在给予过程中失去自己，而且，她们往往难以占据属于自己的空间，难以设定界限。

如果你因受拒、暴力与羞辱而备受伤害，伤至自己的内在核心，那么，你的能量场就会发生转变。你的意识会离开腹部——情绪、连结与亲密的基座。对于女性而言，如若居于腹部会带来难以忍受的痛苦，她会退出这一区域。其意识会向上提升，缩回生物能量场的较高位置，其感受会变得迟钝，甚至有可能陷入抑郁或者备感疲惫，以至无法运用自身的能量。此外，除了暴力创伤及其所导致的情绪上的深度困惑，还会出现忧伤以及失去自己所引起的空虚。这就是对女性心灵经历的简短描述。尽管每个女性对此模式的展示程度各不相同，但依然可以从中总结出普遍的倾向，归纳如下：

* 腹部——此乃情绪、性与亲密的基座，与地球有着天然且强烈的连结——相对来说比较空虚。居于腹部，这使人备感威胁，不仅因为记忆中的伤痛，还与蛰居其中的力量有关。这一力量令她们感到恐慌，不敢轻易地接纳。

* 这一撤离之举所导致的后果是，上下能量场之间、心部与腹部之间，出现了鸿沟。

* 心——灵感与爱的中心的能量难以畅流而出，难以与世界、他人建立连结。这要么是因为心中过多的恐惧与不确定感，要么是因为“想与对方建立紧密的连结，反而因此失去自己，变得在情感上依赖对方”的倾向。

即便是一生中从未经历过暴力（精神、身体与性层面上的暴力）的女性，也常常会呈现出这种模式。往往，她们的女性能量不止一次地受到过伤害，所留下的创伤在这一生中尚未得到充分的疗愈。因此，她们在这一世依然携带着曾经的旧有模式。此外，作为女性，她们亦会受到女性集体心智、世人眼中的女性形象以及女性过往经历的影响。我的这一描述涉及每一位女性。没有任何一位女性能够自然而然地让自己的腹部力量自由顺畅地流动。

在意识转化的时期，疗愈腹部的能量创伤变得更为必要。作为女性，如果你想要在灵性面向获得成长，渴望随心而行，随内在最深的灵感而行，你会发现，自己必须要面对内在深处的恐惧。展现自己，使自己变得更加伟大，勇敢面对冲突，这既非轻而易举之事，还会使你不得不面对有关“自我价值感”与“对自己保持忠诚”的根本问题。在某种意义上，你，作为女性，被邀请于内在转化一部分女性集体伤痛。在觉察与疗愈自身痛苦的过程中，你也为集体意识的成长与发展开辟了新的道路。

人们普遍认为，灵性成长就是敞开心灵，与他人建立爱的连结，放下自我。然而，对于缺乏腹部力量的女性而言，这里隐藏着若干陷阱。因为，在无法根植腹部，立足于自己的中心，无法与自己的需求和真相保持连结的情况下，与他人建立连结会使你很快失去自己，甚至变得心力交瘁。如果你本身高度敏感，心轮也已开启，并且很容易感受到他人的情绪，那么，对“自我界限”的强烈意识会使你大受裨益。这种情况下，你恰恰需要一个强大的自我！我所谓的“强大的自我”指的是，对“自己止于何处，他人始于何处”的明确认知。还有，当你过度给予——其原因可能是为了让他人对自己有好感，抑或不敢说“不”——的时候，你能够及时地意识到这一点。一个健康的自我能够使你在与他人互动的过程中，明确地感知自己所受到的影响以及随之升起的反应。“自我”这个词已被扭曲，被用来代表层次较低、需要被放下的一切。而恰恰对女性而言，这种形式的“自我意识”以及设立界限却是至关重要的。男性则与此不同。

男性所接受的道德熏陶不同于女性。他们从小被鼓励要坚持自己的主张，要敢于抗争，要出类拔萃。不过，对于那些对此感到不自在的男性，那些天性敏感、谨慎或安静的男性，这可能是相当痛苦的。无论如何，男性较少受到“要给予”的鼓励，他们的野心与进攻性被看作是积极正向的男性品质。男性亦携有来自过去的能量创伤，他们与自身的女性能量，与自己的感受和直觉叶散冰离，他们对此的体验则是喜悦、情感与连结的缺失。他们心中有一个空洞——远甚于其腹部的空洞，这一空洞对他们的折磨与腹部空洞对女性的折磨不相上下。无论男性还是女性，都受到过身处其中所带来的影响与伤害。不过，因为形成伤害的方式不同，重获完整性的方式也不尽相同。

对于男性而言，一般来说，重点关注"敞开心扉"对他们颇为有益。与自己的感受建立连结，允许自己呈现出脆弱，接纳自身的女性能量，是男性疗愈自己的基本方式。而对女性而言，在某种意义上，却恰恰相反。她们的自我疗愈之路是，忠于自己，表明界限，认出并彰显自己的独特天赋。从能量角度来看，这意味着将心之能量与灵魂之能量带至腹部层面，使其真正沉入骨盆——这象征着女性能量的原始力量——的空洞。

女性回归自身根基的方式之一，是更有觉知地因应自己的内在愤怒。许多女性压抑自身的愤怒或失望等情绪。愤怒会唤起恐惧和无力感。心生愤怒是危险的，因为它可能会使你与他人发生冲突。如果你感觉很难为自己挺身而出，难以表达自己心中的愤怒，你会深感无力，此时，愤怒有可能会转化为沮丧、萎靡或讥讽。然而，你也可以将愤怒看作是一种珍贵的信号，提醒你某一人事物已经越过你的界限，你会为此感到受伤。你可以运用这一信号，在人生中创造积极的改变。借由迎接愤怒，你认真对待自己，由此，蕴藏于愤怒之中的力量能够以积极正向的方式表达自己。首要的一步是，不要将愤怒看作是坏事，不要因此而自责。相较于男性而言，这对女性来说更为困难。她们更习惯于将自己推至一边，赋予他人空间，而非占据本属于自己的空间。

也因此，我提醒那些踏上灵性之路的高度敏感的女性，呵护好自己的腹部力量，拿回自己的力量，敢于为自己挺身而出，占据属于自己的空间。有时，你们将“灵性”与爱、光和连结极其紧密地联系在一起。这些品质确实是必不可少的，然而，能否保持平衡的连结则取决于你分离与设定界限的能力。为此，你需要全然地尊重自己，尊重自己的力量、天赋与一切情绪。

我曾生活在一个女性的自由表达不被接纳，更别说被尊重的时代。我感觉自己与约书亚·本·约瑟夫所带来的讯息，以及基督能量的精髓本质有着强烈的连结。他的言辞与光彩深深地触动了我。在那时，我越来越清晰地忆起自己真正是谁。此外，我对禁止我做自己——一个独立、强而有力、有主见的人——的当权势力亦心存愤怒。一次次地，我别无他法，只能自己去面对，与内在的无力感与愤怒做斗争。沮丧的能量占据了我的腹部，沮丧之下又隐藏着自卑与自我怀疑。解决缺乏自我价值感的问题，放下来自外在世界的评判，是我的使命。

这是对我们所有人的挑战。正因女性并未充分地居于腹部，她们心中往往倾向于过度给予，使自己日渐枯竭，抑或过于投入与他人的关系，比如她们所爱的人、她们的子女、父母或朋友。在与他人的关系中失去自己，这往往意味着尚未全然地立足于自己的中心和自己的内在根基。如果主宰那里的是空虚与疏离感，走向他人，向他人伸出双手，无疑是一种诱惑。表面上看这是出于爱，不过背后亦隐藏着其他的动机：需要借助他人来感觉良好，获得“被接纳”的感受。然而，真正的灵性成长意味着，有意识地问自己：我带着什么样的动机与周遭世界，与我挚爱的人，与我的朋友、子女和父母建立连结?

现在，请选择其中的一段关系，并将意识带到你的腹部。在这一层面上感受一下，你在这段关系中占据或者接受了多少空间。比如，你可以选择你与挚爱之人的关系，然后感受一下，与他在一起时，我在腹部深处是否拥有一定的空间？再选择一位女性朋友，进行同样的练习。让她进入脑海之际，进行深呼吸，腹式呼吸，看看自己能否做到。你是否感到呼吸不畅？是否感受到某种阻碍？试着进行这一思想实验。关键问题是，在这段关系中，你的腹部能否放松？你是否感觉自己被接纳，能否自由地做自己？抑或，你感觉自己必须不遗余力地付出努力，或者自身能量正在不断地流失?那时，你的意识会上移，离开自己的根基，离开你的腹部。这一情况发生之际，请不要自责，请带着充满爱的真诚，静观自己对于“变得伟大”与“占据空间”的恐惧。借由认知自己的恐惧，你能够转化这一恐惧。在这一道途上，你并非孑然一身。女性集体能量场正在发生转变。你所给予自己的一切，亦会使他人受益。反之亦然。

第二章

从旧有的禁锢中解脱自己

人生中，有时你会对自己所处的情境感到迷茫，不知如何是好，这既可能是外在事件，也可能是不断涌起、使你感到难以因应的内在情绪。要知道，作为人类的一员，你无须独自去面对与解决这一问题。有一股爱之流，它一直环绕着你，支持与帮助你。这是你的灵魂之流，此外还有那些充满爱的能量。你并非孑然一身。有时，那环绕你的光会轻轻地推你一下，让你去做以前不曾做过的事，或者放下某些东西。关键在于，当这一灵感之流以感觉、建议或者愿望的形式出现时，请顺其而行。

你的某一部分感到迷失，受锢于恐惧与不信任的高墙之中。现在，是打开窗棂、振翅而飞的时候了，地球呼唤你这样做，在彼岸的我们亦如此。我们来这里是为了解放你们，可是仅凭我们单方面的力量是不够的，我们需要你们的合作。请响应我们的呼唤，敢于信任，敢于站起来，敢于去感受。解放这个过程中所出现的一切情绪都必须被看到，被感受到。不是说要紧抓住它们不放，而是让它们冲出禁锢，像鸟儿一样自由。积储、隐藏于你内在的一切，你内在那变得冰冷粘湿的一切——正如潮湿牢狱之内的东西，将被爱的声音唤醒，飞向光明。你无须凭自己的力量实现这一切。光呼唤你，亦会陪伴你，不过你必须要跟随这一光之流而行，愿意敞开自己。

现在让我们一起观想。想象你所在的牢狱，无论你赋予其何种形象。有一道大门，门前站着两个守卫。他们守护着牢狱的大门。同时，他们也是你对曾经经历的痛苦与恐惧做出的响应，无论这些痛苦与恐惧是来自何处。看一看何人站在门前。这两个守卫觉得自己非常尽职，他们想要保护你，使你不再受到伤害。然而，虽然他们带着保护你的好意，但他们也同时使你与生命、感受以及动态的流动隔绝。尽管如此，请尊重这两个守卫，他们尽职尽责，亦卓有功效。或许，你将他们看作是负面的形象，然而，正是因为他们的存在，你才能在这个直到不久前还相当稠密与黑暗的次元中生活。请看着这两个守卫，感谢他们的付出。人类的心智非常富有创造力，能够想出各种各样的生存办法，比如将自己的敏感面向保护并隔绝起来，或者躲入阴暗的角落，因为这能给你带来某种形式的安全感。以慈悲的目光来看待这些保护机制，这都是完全可以理解与想象的。你们所有人都曾有过这样的经历！人类基于生存机制，基于紧闭之门的所有行为，都具有深深的人性。当我们讨论你们心中萌芽与苏醒的新地球时，我所指的是，一个充满深刻人性的世界。在新地球上，充满温暖与关切的人比比皆是，他们在更加精微的层面上理解彼此，因为他们曾经极其深刻地体验过自身的人性，并能以一颗平常心对待自己的人性。我所谓的“人性”指的是，情绪上的沉浮，人所必经的苦乐交叠；我所谓的“人性”指的是，动态、变化、探寻、成长与重新开始；我所谓的“人性”指的是，看到与他人之间的平等，即便对方乍看上去是与自己截然不同的，但能够求同存异，以双方之间的共同点为基础进行沟通，兄弟姐妹般的情谊亦会由此而生。

这是地球等待已久的爱，它借由你们所有人而诞生，借由你们那正在觉醒的心而诞生。请告诉站在牢狱门前的守卫，改变的时刻到了。想象你握起他们的手，或者拍了拍他们的肩膀，对他们所做的一切表示感激。感受一下他们的力量与尊严。这关乎“在自己携带的所有能量中都能够看到光”的问题。在你与他人的关系中，重要的并不仅仅是在他人之内看到光，也要在你自己之内看到光。一切负面能量之中都蕴含着光，存在着对爱的向往以及美好的初心，即便其展示方式有时显得颇为扭曲，包括各种残酷的行为以及对权力的滥用，其根本原因都是内心深处充满了对爱的渴望，但却没有能力以强而有力、富于觉知的方式来理解与实现这一渴望。这里，我并不是在美化对能量的负面运用，我只是希望能够帮助你们理解并感受到，此类行为其实源自人类的痛苦、恐惧以及对爱的缺乏。每个人都对这种深刻的恐惧有所了解，知道它如何扭曲甚至毁坏自己的情感生活。每个人都具有“想要掌控，想要主宰人生，想要强迫他人”的倾向。这些都是非常人性的，借由认知与接纳这些人性面向，你便能够将自己从牢狱中解放出来。

现在请看一看，看看你的守卫能否退开一步，任你将牢门打开。牢门想要开启，需要用力才可以。那么，又是什么想要破门而出呢？是什么想要出现在你的生活中呢？请允许其走出来，使其自由地显现。你能否看到它？还是仅仅借由某种悄然降临的心境或振动而感受到它的出现？或许，它是你内在极其可爱甜美的一部分，你担心它对于这个世界来说，有些过于温柔美丽，亦因此将它藏匿保护起来。或许，你在其中看到了某种颜色或者一朵美丽的花。这也可能是你内在极为强有力的一部分，如今它想要站出来。它意志坚强，拥有主见，根基稳固，果断坚决。当然，你也有可能看到某一动物的出现，只要这能够助你与此能量的核心本质建立沟通就好。让这一崭新的能量自由地流出，仿若这本是不言而喻、自然而然之事。请感受一下，地球与宇宙正大张双臂地迎接这一能量，就在此时此地。你看，你终于走出来了，终于获得了自由。你已经可以解开“过去”的锁链，与志同道合之人联合起来能够对此有所助益——如果你们欢迎彼此，接纳彼此的人性的话。诚然，你们所有人依然携带着旧有的保护机制。即便你们已经于内在打开了牢狱的大门，你们也可能会再次撞上它，不过你们不会再夸大它的坚实与沉重。

释放旧有的能量需要时间。一棵枯死的树，依然会长久地伫立于大自然中。随着时间的流逝，树会慢慢地归于尘土。这是好事，是生命轮回的一部分。不要借由内在那些已死去或衰老的部分来体验生命。偶尔陷入怀疑、忧伤、恐惧或抑郁的漩涡，这是可以理解的。请以温柔的目光看待它们，允许它们的存在。你再也无需将它们掩饰起来，他人看到这一切亦未尝不可。新地球之光借由你们的人性进入你们。借由你感到脆弱的部分，你愿意聆听他人诉说的部分，你既不评判自己又不评判他人的部分，光流入你。是的，并非借由灵性准则或灵性技能，亦非借由理论知识，而是借由心灵，借由人性。如此这般，新地球才会彰显于你们的脚下与心中。

最后，我邀请你与脚下的地球能量建立连结，感受一下地球母亲的力量，以及她对你的承载。你是她的孩子，与此同时，你也是老师：你为地球带来新的能量，带来天堂之光。请感受一下，一道光照耀而下，温暖的光洒在你身上，慷慨、亲切又充裕。感受一下，来自地球的力量在你之内汇聚，承载着你。要敢于臣服于这一能量流，使自己变得伟大，敢于做真正的自己。你是一个美丽、优雅且强而有力的生命体。不要让对此持异议的旧声音分散你的注意力。将它们看作是背景噪音，你要做的就是信任自己。你是为地球带来新能量的人，这是毋庸置疑的。我向你致意，向你这位新地球的守护者致意。

第三章

找回自身的力量

我是抹大拉的玛利亚。带着友谊，我来到你们身边。能够身处于你们中间，我心中充满喜悦与感激。你们正在创造不同。带着扩展意识的意愿，你们来到这里，不仅为你们自己的人生，也为地球的集体意识带来转变。你们所做的一切，都会创造不同。从我所在的这个次元来看，内在是首要的。在我们眼中，发生于外在层面——你们称其为客观世界——的事件都是次要的。它们是内在改变、内在意愿的彰显与结果。外在始于内在。对于我以及我身边的一切存有而言，内在远比外在更为真切和实在。而对你们来说却恰恰相反。周遭世界不断地迫近与影响你。你借由感官所感知到的物理实相、周遭的人、你外在的客观环境……它们仿佛对你起着决定性的影响。尽管如此，在本质层面上，这一切皆为幻相。有一个内在世界，它先于你所看到的一切外在事物。借由有意识地与此内在世界，建立沟通与连结，你会重获失去的力量。

于外在层面上，你们既脆弱又弱小。你们所拥有的肉身，可能会成为各种外在影响的牺牲品，比如疾病、大自然的各种力量或者人们的暴力行为。你们的肉身脆弱、单薄，亦会死亡。除此以外，还有各种各样的情绪。尽管从表面上看，仿佛你们就是自己的情绪，但是，你们中的许多人却对自己的情绪束手无策。你们感觉自己的心境变幻莫测，正如易变的天气，阴云、狂风与暴雨，而自己仿佛是其手中的玩物。强烈认同自己的情绪，会使你们脱离自己的内在中心，因为你们受制于它，随着心情的变化飘来荡去。从这种意义上说，强烈的情绪与冲动也属于外在的事物。你们的内在世界中存在着一个核心，它既独立于你们身外的物质世界，亦独立于你们的情绪。

现在，我邀请你进入这一内在中心，就在此时此刻。这是你内在那中立、宁静、超越时间与空间的地方。尽管如此，它就在你的体内，位于你地球人格内在最深秘地方。你的身体是通往你“内在”的门户。请将注意力转向内在，与自己的心建立连结。感受一下，自己的意识之流正在温柔地触碰身体的每一个细胞。关注自己的身体会为它带来的积极正面的影响。它也拥有内在生命，并不仅仅是由细胞组成，是能够借助化学或生物知识来完善描述的“物体”。身体亦有其内在意识，请感受一下，缓缓地进行深呼吸。渐渐地，你会发现，这种呼吸方式本是极其自然的。你的身体知道如何平静、放松地呼吸。感受一下，随着你逐渐进入内在，外在世界变得越来越不重要，也变得越来越安静。现在，让意识继续下沉，进入腹部。在那里找一个可以休憩的地方。在能量层面上感受一下它的位置。想象你用自己的呼吸轻触那里，然后让意识进入这一空间。比如你可以将其想象成两手掬成的空间，或者是大自然的某个地方，只要能对你有所帮助便可。任想象驰骋，看一看位于你腹部——你的基底——的小憩之处是什么样子的。

现在，想象自己的全部力量都集聚在那里。这是一种静谧的力量，是一种经历过漫长岁月的古老力量。在你的腹部深处有一种知晓，你知道自己远大于自己的身体，远大于携带着所有这些情绪的地球人格。你是超越时间的存有，你对此的感受越深，你的灵魂就越容易与你的地球人格建立连结，进入你的日常生活，进入你的外在实相。

请感受一下腹部深处的内在宁静。那里有一只锚，或者说一座灯塔，它独立于掠过你能量场的各种情绪与心境，如如不动。尽管如此，这一寂静中心并非空空如也。它是中立的，但并不空荡。请感受一下蛰居于那里的意识，它富有弹性且充满活力，与此同时，又极为宽泛广袤。想象有能量从这里汩汩而出，流经你的整个身体。静静地观想，一股能量流从你腹部的寂静中心缓缓流出，在你的腹部漫延。它静静地、缓缓地流动，寻找着自己的路。这是来自最深层面的“你”，正在与生活在地球实相中的“你”建立连结。看一看这一能量流想要流向何处，是向上流入你的心部、肩部与头部，还是向下流入你的大腿、膝盖与小腿？请感受一下，在与这一能量流保持连结时，你会以完全不同的视角看待生活中的许多事情。你会意识到，自己是一个强大、独立的生命体，远大于生活中所发生的一切，包括那些激烈的情绪与强烈的感受。有一个大于这一切的存在，那就是你。

如今，许多人需要的是安全感以及属于自己的空间。社会中的既有体系尚无法提供这种安全感与内在空间。因此，需要为人们带来更富于弹性的新架构。这一新架构源自内在的自由与智慧，而非建基于恐惧与掌控。你们，对我所带来的讯息心有共鸣的你们，正是这个新架构的引介者。你们常常认为，自己在地球上孤身奋战，形单影只地生活与运作，然而，你们的行为、思想与感受确实会创造不同。仅仅是相异的思维方式，就能够创造不同，对他人产生影响。外在的一切变化皆始于内在。内在重于外在。你们的所思所感至关重要。因此，不要盲目地紧盯着所谓的“输出”，紧盯自己在这个世界上所显化的成果。我邀请你们走入内在。至于“走向内在，重新找到自身力量”这一步能产生什么样的外在效果，那就是惊喜了，你现在是无法预测的。你也无须在这上面消耗自己的精力。决定拥抱自己的腹部力量，这一强大的灵魂力量，就好像是转动了插在门上的钥匙：你激活了内在更高的智慧源泉，生活的画卷自会随之展开。

走向内在，这需要勇气。有时，让自己委曲求全，去适应周遭社会中的各种期待、习惯与常规，显得更容易一些。

这其中隐含着一种强迫感，一种吸引力，这甚至会令人上瘾。拥有归属感，受到他人的敬重，会带给人良好的感觉，可是，如果你同时感到备受束缚，无法表达真正的自己，这又会有什么样的代价呢？

那鲜活、独特、生机勃勃的腹部力量直接来自你的灵魂。只有在你全然接纳这一力量的情况下，才会感到充实。这一过程的第一步即是于内在与那些并不适合自己的架构、要求与期待拉开距离。这样做需要勇气。下沉于腹部，在与内在的自发性以及最深层的冲动建立连结的过程中，会体验到形形色色的恐惧，这并不奇怪。你需要一次次地重复这一过程，经常与自己的腹部力量建立连结，不断地提醒自己，自己的真实核心、灵感源泉以及人生意义，皆可以在这里找到。

现在，我再次邀请你们沉入腹部，与这一寂静中心建立连结，感受从那里流向地球的能量流。感受一下，你可以自由无限地与地球，与其本质核心建立连结。你与地球都是强大的灵魂。地球欢迎你。

现在，请问问自己："我如何才能在日常生活中更好地觉知与彰显自己的力量？我都需要什么？可以采取什么具体行动来实现这一目标?”

稳固地锚定于自己的内在中心，保持与地球的连结，然后问一问：“我对自己的最深愿望是什么?”感受一下那正在对你倾诉的“真我”，它居于波澜起伏的情绪与心情所在的层面之下。那是真正的你，其经历远不止这一生，如今又回到地球更好地认知自己，彰显自己。或许，你并不会立刻得到某一具体的回答，此时请留意自己都感受到了什么，渴望什么，或者觉得自己还缺少什么。或许你所渴望的是某种感受，比如更加自由，更加轻松，或者更多的灵感与启迪。任画面或念头自由地升起，信任腹部能量流所具有的本能智慧。不要长久地沉于思考，跟随这一能量流，顺其而行。

如果你在日常生活中经常进行这一练习，在寂静中与自己建立连结，那么，就会带来变革。回归内在的寂静，会使你自然而然地放下，你开始聆听来自“真我”的声音，并因此而创造改变。这种改变不仅仅是为了你自己，也是为了周遭的社会。

第四章

拥抱愤怒

我是抹大拉的玛利亚。我是你们的姐妹，是与你们志同道合的人，带着友谊，我来到这里。我看着你们所有人。借由内在，我能够感受到你们的内心。因你们的到来，我的心中充满了喜悦。你们是旅者，带着内在的火焰，带着一颗寻觅之心，带着愿望，也带着想要在这一时期在地球上——进入你生命旅途上的此时此地——的内在知晓，勇敢地踏上了路途。你们的灵魂为你们做出了这一选择。

请感受一下，感受心中的灵魂，你的灵魂。与源头建立连结，它正是你的创造者，是你地球人格的创造者。于心中大声地喊出你的名字，感受一下，你正是你灵魂的受造者。你们是一体的，只不过你的灵魂参与所有的实相，而你的地球人格则主要聚焦于这一生，在此时此地，在身体中，在这个物质实相中。

灵性成长关乎你与自己内在之间的互动。灵魂并非全知全能的。你的灵魂想要借由你来体验。你在这一生中积累与发展了一定的知识、经验与本能反应，这对你的灵魂来说弥足珍贵，这也能够助其学习与成长。反之亦然，你，作为人，能够受到灵魂的启迪，因为它拥有你——深陷三维实相的你——较难抵达的智慧与知识源泉。

因此，灵魂与地球人格之间存在着一种互动。请敬重你的地球人格所具有的内在知晓。不要认为自己低于灵魂，你们之间的关系是平等的。

那么，你的地球人格所具有的智慧又是如何彰显的呢？如何与其建立连结呢？借由你的情绪与你的腹部。心是灵魂的基座，如果你允许其进驻其中的话。心是你与“其他次元”之间的桥梁，你来自那里，那里是你的家。请与位于胸部中心的心轮建立连结，感受一下那里的轻盈。如果你感觉心的周围还是比较沉重，那么请继续深入下去，前往核心深处，穿越物质性的层面，感受一下核心处的轻盈。一直深入下去，直至你感受到光。与光建立连结。感受一下，你是如此地丰裕。你已在宇宙各处经历过无数次，有着如此丰富的经验。这些经历使你可以积累智慧，发展慈悲。它们属于你，请接纳它们。这些在光之天堂可以轻易体验与获得的智慧与爱，请接纳它们，允许它们流入你的心中，就在此时此刻。不要拘谨，坦然地接纳它们。

现在，在保持这种状态的情况下，我邀请你将注意力沉入腹部。在你的腹部也有一个能量中心。这是你地球人格所在的能量中心。好好地找一找，找到这个中心。自内而外地感受一下："呀，那里有一个地方，感觉好像是锚、基座或者是能量中心。"将意识完全聚焦于那个地方，如此，你能够感受到那里的氛围与能量不同于心的层面。腹部层面的能量比较稠密、坚实，三维物质世界的能量特性更为显著。相较于你最初极为熟悉的、轻盈的天堂能量而言，地球实相的能量较为沉重与稠密。带着自身之光来到这里，并非轻而易举之事。

我想强调一下，腹部中心对于地球生活是必不可少的。请尊重并认真对待自己的腹部，以及蛰居在那里的一切情绪，将其看作是你的心和内在的平等伙伴。否则的话，你的腹部会逐渐变得空虚荒芜，毫无生机。若你试图仅凭心灵能量在地球实相中彰显自己，你会缺乏通往这一实相以及活跃其中的一切能量的桥梁。

有意也好，无意也罢，你们中的许多人拒绝入驻自己的腹部能量中心。这是为什么呢？为什么想要逃离腹部？为什么无法轻松自在地居于腹部？因为你们对腹部心存评判。如果沉入腹部中心的话，你们会在那里遇到许多强而有力的能量。这些都是非常人性的情绪，比如恐惧、愤怒、绝望、欲望、激情、希冀与渴望。这些能量都携带着强大的力量，而你们则对其望而生畏，因为它们可能会击垮你们，使你们淹没其中。对你们来说，停留在心灵层面显得更为轻松自在。其中一个原因是，你们是高度发展的灵魂——你们高度敏感，带着使命来到这里，为将地球意识提升至心灵层面。

这是你们感觉居于心灵更为自在的一个原因。除此以外，你们中的许多人还对地球实相心存抵触。一些人还因其所经历的痛苦与暴力，而对腹部心存警惕甚至是敌意。你拒绝再次臣服于这一实相。然而，你需要接纳与尊重自己的腹部区域，因为它是通向地球，将灵魂能量沉入地球实相，真正活在世间的桥梁。这是你最深层的愿望，尽管这同时也会唤醒旧痛。为了能够做到这一点，你要认真对待自己的情绪，也就是说，不要认为它们“层次较低”，而是将它们看作指路明灯，看作是为你指明方向的宝贵工具。

现在，让我们一起来做练习。请再次回到你的腹部中心，然后请一位愤怒的女性出现。安住于腹部，想象一位女性向你走来。她满怀愤怒，而且她的愤怒显而易见。也许她正在高声嘶吼，抑或因为愤怒而满脸通红；也许她紧握双拳，抑或气愤地跺着脚。请允许她全然地表达自己的情绪。感受一下，愤怒的呐喊从她的腹部升起，冲过肺部、喉咙和嘴，冲出双唇。她受够了！长久以来，她一直压抑着强烈的情绪，如今这一情绪想要获得释放。她需要你的允许。你能否允许她这样做？请感受一下这位女性内心的真诚。她释放愤怒，并非想要伤害他人，这是她表达自己的一种方式。她试图与自己的本质核心建立连结，因此她才高声呐喊。借由呐喊，她唤醒自己，以找回迷失的那部分自己，并将其带回家。

你们所有人都携带着这种愤怒，这几乎是不可避免的。受到来自家庭、教育体系、社会以及诸多曾经的限制性影响，你内在某一强大、真实的部分遭到忽视。后果则是，心中充满无力感，不敢展现真正的自己，害怕自身的力量，失去与自己的连结。

解放自己的第一步是，接纳自身的愤怒，不再将其看作是无礼之举，允许它的存在。从本质上讲，它甚至不是攻击性的能量，而是对“做自己”的深度渴望，是对放下旧有负担的深度渴望。仅仅在心灵层面上运作是无法从这些负担中解脱出来的。你的心能够看到并理解这一切，它了知事物的所有面向。举例而言，假设你曾是暴力行为的受害者——无论施暴者为何人，心不仅会站在你的立场上思考，理解你，亦会站在施暴者的立场上思考，理解施暴者。心拥有普世之爱，这是其强大之处。然而，还有地球人格——心的承载者。地球人格曾备受伤害，在情感层面上饱受折磨，伤痕累累。想要让自己从这些情绪重负中解脱出来，就必须要沉入腹部，觉知与接纳蛰居在那里的愤怒、无力感与忧伤，极度的忧伤。只有借助这种方式，你的灵魂才能真正地沉入腹部。因此，如果你在日常生活中遇到自己内在的愤怒女性，请接纳她，允许她表达自己。

日常生活中，感到恼火、气愤或不悦的时刻并不少见。请认真对待它们。这非常重要，请认真对待它们！这无异于心之呢喃，也是你本质核心与你沟通的方式。正是这些真实、鲜明的情绪能够充分地让你看到，你目前正处在人生道途的哪个阶段，处于灵魂与地球人格共舞的哪个阶段。请认真对待它们！接纳愤怒，与其合作，就像与其他灵性力量合作那样。就像天使一样，愤怒也扮演着指导灵的角色。这一情绪想要带给你重要的讯息，关于“你是谁”以及“你需要做什么”的讯息。

若想与愤怒建立连结，请允许这一情绪进入你的身体，以开放、中立的态度感受一下，这一能量会彰显于你身体的哪个部位。任愤怒之波在你的体内涌动与扩散。现在，开始与自己感到气愤的那一部分对话，允许出现在你面前的愤怒女性表达自己的感受。将听到与感受到的一切都记录下来，将它们转译成语言。认真对待自己所感受到的一切，她对你说出或喊出的所有话语。问问自己，如何才能满足她的需求。

接下来的问题则是，如何对待所获得的洞见与信息？又如何将它们运用于日常生活中？首先，愤怒是对你发出的信号，是你与自己沟通的一种方式。清楚地接收到它所带给你的讯息，就可以将其转化成走进外在世界的一步：对他人更加明确地表达自己的态度，在心中不情愿的时候敢于说“不”。得到完整的愤怒，会促进与他人更加真诚的沟通，真诚地让对方了解自己的感受。因此,“允许自己愤怒”与“将自己的愤怒肆意发泄在对方身上”是截然不同的。首先，你要于内在做工，也就是说，接纳并理解自己的愤怒，之后再转向外在，问问自己想要做出哪些改变，并向外在世界表明自己的意愿。

请不要忘记，生某个人的气，同时也说明你在乎对方，否则你是不会生气的。对于你根本不在乎的人，你是不会生气的。无论这个人做什么，都会如风一般飘过，不会真正地触动你。因此，请记住，当你因某人而生气的时候，你心中一定也有对对方的爱。如果你压抑自己的这种愤怒，觉得保持友好与理解的态度是更高更善的行为，那么，你就切断了与对方一半的连结。你对爱说 Yes，对自己内在那真实的愤怒，对自己的地球人格说 No。然而，你的地球人格并不是较低的那个“你”，与充满爱的那个“你”一样，都是你。

你，作为人，受到了伤害，感到痛苦。与对方分享这一面向也是爱的展现，充满人性的爱。你让对方看到，他或她的所言所行触动了你。就是说，对方拥有触动你的能力。这其实是一种褒赞。人们能够本能地意识到这一点，能够感受到你的真诚。事实上，你借由表达愤怒来给予。你与对方分享自己所受到的触动，让对方知道你在乎他，这也是爱。

不过请注意，我所谓的“诚实地表达愤怒”指的是，清楚地表明自己的感受、自己的内心体验，以及自己有多受伤。借助内在力量来表达愤怒并非谴责他人，并非将一切过错都推在他人身上、斥责他人，或者故意伤害他人。愤怒是与对方开诚布公地分享自己的感受。“愤怒”与“攻击性”有着天壤之别。如果富于攻击性的话，会想要伤害对方，使对方痛苦。长期压抑自身的愤怒，往往会导致这种冲动。然而，纯粹的愤怒是一种接地的能量，其目标在于重建连结，而非切断连结。

最后，我邀请你再一次带着全然的意识觉知沉入腹部。你的意识觉知是一个开放的空间，一个接纳、欢迎却不评判的空间。请带着开放与好奇之心看一看居于腹部的一切，看一看那里的情绪。感受一下，地球承载着你，她是你的母亲。她协同创造了你的身体。感受一下位于脊柱底部的海底轮，静静地感受：地球是我的家。这里欢迎我，欢迎我来这里认知自己，绽放自己。

第五章

男子气概的新定义

我发自内心地问候你们，感恩能够与大家在一起。这是一个新的时期，你们正在经历新意识在地球上的诞生。这种新意识已经长出根，可以说，新纪元已到来。于内心深处，于灵魂层面，你是知道这一点的。来地球开始这一生之前，你便已决定要为这一新的转变付出自己的绵薄之力。已经有越来越多的人受其触动，因之觉醒。

到底是什么新意识呢？你们都携带着久远的过去，不仅仅是这一生，还有此前的生生世世。长久以来，地球上的能量一直充满了恐惧与抗争，它们在物质、情绪与精神层面上为了生存而战。你们在过去试着播下“基于心灵的新意识”的种子。这并非轻而易举之事，因为长久以来，那专制的男性能量一直主宰着人们的生活，内在外在皆如此。这种男性能量对你们有着深刻的影响。它并不仅仅是与你面对面，也在被你有意无意地内化着。也就是说，专属这一能量的思维与运作方式已经不知不觉地成了你的一部分。其往往以一种冷血、强硬、充满评判与指责的声音表达自己，这一声音就在你之内。

这种专制的男性能量源于恐惧。男性能量脱离了女性能量，二者之间本然的平衡遭到了破坏。男性能量开始独立自主地运作，与感受和“整体”失去了连结。这一迷失的男性能量想要主宰与掌控，并由此失去了对自然、对地球、对一切万物的敬重。这一冷漠麻木、渴求权力的能量亦借由宗教彰显自己，从基督教的发展历史中便可以明显地看到这一点。原始基督能量那充满活力的源泉无法在这等级分明的冷血机构中蓬勃发展。基督能量不得不转入地下，那些公开传播此心灵能量的人则被施以暴行，甚至被夺去生命。

你们，正在阅读这些文字的你们，正是感受到与这种能量有内在连结的人。曾经，你们便已建立了这一连结。这是你们所携带的记忆，你们将其与因传播这种能量而受拒的痛苦混淆在一起。我是你们之中的一员。作为抹大拉的玛利亚，这种能量的力量与智慧深深地触动了我。在我生活的那个时代，女性借着内在觉知、自身力量以及独立自主的精神来彰显自己的行为，但却并不会得到认可与尊重。尽管如此，内心深处的热忱激励着我，使我有勇气脱离既有体系。我跟随在约书亚身边，他既是我的亲密爱人，也是我的老师。在我们的关系中，我感觉自己受到了全然的尊重。他完全看到与接纳我的灵性体验、内在觉知以及我人性的各个面向。与他的相遇使我于内在获得了疗愈。

然而，我却遭受到既有体系的蔑视与嘲弄。甚至包括耶稣身边的那些男人。他们并不把我当回事。无法彰显自身的女性能量，不能做自己，这为我带来的创伤长久地困扰着我。直至今日，我依然非常关注“创造两性能量之间的新平衡”这一过程。我想告诉你们，这一时期，根本性的转变正在发生，它为我带来了新的希望。

如何才能重建两性能量之间的平衡，它们如何才能作为“一颗活跃之心”的两面而运作呢？在我看来，关键在于你们对男性能量的理解的转变。在你们眼中，男性能量已逐渐等同于当权者那种依赖理智的专制能量。长期以来，这一直是男性能量的榜样。深受此能量的折磨，成为其受害者的并不仅仅是女性。毋庸置疑，她们的权利被长久地遭到亵渎。因这一令人备受压抑的传统，女性携有深深的自卑感。不过，也请看一看它对男性的影响。男性天生也携有女性能量，即其敏感、共情的一面。在这一专制的传统思想体系中，敏感的男性往往备受评判，被看作是不如他人的人。同性恋男性更是饱受这一偏见的折磨，他们遭到憎恨与评判，因为他们不符合这个社会灌输给人们的标准男性形象。如今，这种情况并未得到全面的改善。对“男子气概”的片面定义，不仅使女性备受伤害，也触及与损害了男性的心灵。

男性不可以从心而行，不可以聆听直觉，不可以与他人建立连结，否则会被看作是“没有男子气概”。“男子气概”被不断缩减成以控制和掌管为目标的、刚硬的态度。然而，这只是男性能量的一种贫乏且极具破坏性的变体形式，完全不同于基于心灵的男性能量。那频率更高的男性能量本性柔和，充满了关切，既坚定果断，又满怀慈悲。比如约书亚就彰显出了这一能量。事实上，这正是基督能量的男性面向。过去，受到排斥的并不仅仅是以直觉、共情与连结为典型特质的女性能量，以基于心灵的领导力、辨别力与行动力为典型特质的成熟的男性能量亦未能幸免。

这一时期，人们常常提及女性能量的重生。此处我想强调一下，这里的“重生”其实也适用于男性。只有这样，这个世界才能重获平衡。这并非仅仅关乎于女性的权益。男性与女性皆需重新理解“女性气质”与“男子气概”的内涵。男性需要重新去感受，去连结。如果他们能够放下“这不像男人”的观念，就能够将心与脑连接在一起，并以此为基础运作。女性则需要重获力量，占据属于自己的一席之地。如果她们能够放下“这不像女人”的观念，就能够关注与实现自己的愿望与天赋，真正地彰显自己。

只有与已被疗愈的男性能量共同合作，女性能量才能获得重生与绽放。对男性能量的重新定义能够帮助男性自由地拥抱自身的女性能量。帮助女性接纳自身的男性能量，认可它的价值以及它所赋予自己的力量。

许多女性都难以拥抱自身的男性能量。过去，众多女性曾遭受到残暴的男性能量的伤害，并因此于内心敌视“男性”。“不信任感”根植于内心深处，许多女性心中怀疑，在与男性的关系中，自己是否真的安全，是否真正的放松。女性集体意识中携有累世的旧有记忆，关于性暴力以及个人羞辱的记忆。生活在地球上的每个女性，都于内在携带着女性集体创伤的痕迹，此创伤源自若干世纪以来女性所受到的压制。这一痛苦回忆以及由此而生的对男性的敌意与不信任，所导致的结果是，女性对男性能量本身持有负面的印象。她们不再区分基于恐惧、追求权力和掌控的男性能量与基于心灵、充满爱、力量和公正的男性能量。她们如此拒绝男性能量，以至于她们与男性，尤其是与自己的关系受到了极大的影响。

在与男性的关系中，她们内心的痛苦彰显为强烈的吸引与排斥。她们想要拥有男性伴侣，但与此同时，却又排斥他，因为她于内心深处并不相信他。她感觉他与自己在本质上是不同的，并且无法真正理解自己，这使她难以与他建立真正的灵魂层面上的连结。然而，这一创伤在她与自己的关系中所导致的后果更为严重。如果女性拒绝自己内在的男性能量，她会使自己变得软弱，难以完全发挥自己的潜能。女性内在的男性能量使其能够为自己挺身而出，设定界限，并依据内心的感受说“不”。因内在的男性能量，女性能够觉知自我，变得独立。这带给人一种充满力量的感受，截然不同于被压抑的感受——女性常常将之与男性能量联系在一起。感受到自身的内在力量，拥有自信，这正是当前众多女性所需要的，以能够保护与支持自己那共情、爱且温柔的女性特质。作为女性，你需要男性能量，尤其是自身的男性能量！也因此，了解与认知基于心灵、充满爱的男性能量是如此重要。否则的话，你会继续不知不觉地抗拒与排斥自己内在那更高的男性能量。

这样做的结果呢？许多女性学会了对他人付出，关怀他人，与他人建立连结。这些品质被看作是美德。不过，如果你天生非常敏感，拥有一颗开放之心，这种心态往往会使你失去界限，被他人的情绪与痛苦淹没，并会出现与“高度敏感”有一定关系的典型问题：能量上的流失，在关系中施远大于受，难以脚踏实地地生活，身心上的不适，甚至是抑郁与绝望。这些问题往往是因为，女性能量相对过盛，未能借助坚定果断、界限明确的男性能量建立两性能量的平衡。

为了能够与他人建立基于心灵、基于理解与同理心的连结，就必须要根植于自己的内在中心。男性能量，亦即“我”之力量，会助你实现这一点。对于女性而言，拥抱与运用自身的男性能量以认知与尊重自己的需求，这样做能够使自己更好地立足于这个物质实相。为自己挺身而出，设定界限，这并非“太自我”的行为，却恰恰是基于心灵的男性能量的展现。这一更高的男性能量能够保护你，为你打下坚实的根基。如果想要借由自己的女性能量与他人建立连结，并对他人保持开放的话，这是不可或缺的。

泛泛而言，男性则恰恰相反。他们会因允许与接纳自身的女性能量、自己的感受与直觉而受益。如果一个人总是借由头脑来因应生活中出现的种种问题，就会失去与自己的连结，因为头脑常常受控于并非来自自己的思想与观念。先于内心深处觉察与接纳自己因这一问题而产生的情绪，然后透过全然地感受这些情绪，升入心灵的层面，洞察与了解自己真正想要什么，以及什么对自己才是重要的，如此这般，答案自会浮现。与自身女性能量的连结能够助男性更加走近自己，更加脚踏实地。

至此，我概括描述了连接基于心灵的男性能量如何能够疗愈女性，以及连接基于心灵的女性能量又如何能够疗愈男性。这只是一个大致的、泛泛的描述。有可能，某位女性天生便具有较强的男性能量，因此，对其有益的反而是加强与自身的感受及女性面向的连结。你自己对此的感觉最准确。也有可能，某位男性天生敏感，恰恰需要于内在寻找更高的男性能量，以保护自己不受外在刺激的影响。你们每个人都是独立的个体，就男性能量与女性能量对你们的内在影响而言，每个人都有自己独特的构成比例。无论这一比例为何，找到对“男子气概”的新定义，尤其是基于心灵的男性能量的活生生的榜样，对你们都大有裨益。借由拥抱自身的男性与女性能量，将它们看作是同一源头——爱之源头的两个面向，你自己便可以成为这样的榜样。

第六章

拥抱自己的个体性

我是抹大拉的玛利亚。我发自内心地问候你们。我想要告诉你们，我们一直在帮助与陪伴着你们，自始至终一直如此。在超越地球实相的次元也有与你们志同道合的存有。他们是爱你的灵魂，真正具体地爱你这个人，而不仅仅是抽象、普世的爱。这些灵魂对你并不陌生，他们曾经与你一起行走在成长之路上，在其他的时间段、其他的地点。

你依然与“彼岸”的一些朋友保持着连结，他们之中的一些存有，已经在成长之旅上走得很远，能够以更为宽广的视野纵览你的人生之路，看到你目前尚无法看到的景象。另外还有一些存有，他们与你志同道合，曾经以家人或挚友的身份陪伴在你的身边。请感受一下他们的存在与陪伴，即便你并不知道他们具体是谁。他们能够听到、看到你，他们尊重你，如你本然的样子，他们敬佩你，有为你纵身跃入地球实相的勇气。

在地球的生活是至关重要的，这些体验都是对灵魂之旅的宝贵贡献。即便是负面的体验，也起到了弥足珍贵的作用。你当前所体验的痛苦，如击水之石，激起阵阵涟漪。使人倍感痛苦或备受创伤的经历，更会引起能够穿越时间的涟漪。在其他的时间点或地点，你会觉察、认知这些涟漪，理解并珍视这些体验。不仅如此，事后产生的理解亦会如疗愈之解药，回到过去，疗愈旧有的创伤。

你们漫长的灵魂之旅上，所有的时间段，所有的“当下时刻”，都是互相关联、互相影响的。没有任何事情“已完全成为过去”。当你穿越时间回溯之际，会将自己的意识觉知加入过去的某一时刻，此时，会出现一种双向的流动：从过去流向现在，从现在流向过去。你的灵魂会以这种方式丰富自己。不仅如此，这样做还会使你更加明了，你远大于自己当前的人格，远大于自己当前的这个人——一位男性或女性。此地球人格仅仅是通往你内在的通道之一，同时还存在着许多其他的通道。

你有着丰富的经历，每一次经历都是某一宏大整体的一个组成部分。请敬重真正的你所具有的伟大性。人类的心智是无法理解这一伟大性的。请发自内心地接纳它。感受一下，有一种智慧，它承载一切，为你的人生赋予意义，超越人类理解范畴的意义。一切的一切皆有自己的韵律与节奏，有适于自己的时间与地点。有时，你需要在“知其然不知其所以然”的情况下进行更深的体验，事后才会明白，这一切都是为了什么。请敬重自己。借由对地球生活说 Yes，你戴上蒙眼布，临渊一跃，来到这里。现在，请对你自己，以及你内在的痛苦、恐惧与迟疑说 Yes。这些都是“人类体验”的一部分。不要拒绝与排斥它们，因为这样会导致内在的抗争，导致你与自己的抗争。这种抗争迟早会将你扯离，使你离家越来越远。请接纳自己内在的一切，接纳所有光明与黑暗的面向。

现在，我邀请你与我一起回到你人生的初始阶段，回到孩提时期。想象你现在变得越来越年轻，越来越接近童年，并留意一下，当你穿越青春期，回归童年的时候，都会发生什么。感受一下，进入童年、年龄低于 10 岁以后，性别已变得不再那么重要。回忆一下，性别意识对自己的主宰尚不强烈之际，自己是什么样的感受。感受一下自己当时的开放与“初生牛犊不怕虎”的精神。然后让时光继续倒流，回到自己开始学习语言、建立观念，亦包括各种标签与评判的时期。进入婴幼儿时期后，你的意识也会随之变得更加开放，更具接纳性。它不评判，而是吸纳。请再次感受一下，忆起自己那开放地静察周遭影响的状态。那时的你尚未远离天堂次元——你来自那里，地球次元对你的影响还不是很大，你对灵魂实相尚是敞开的。借由从当前这一时刻重归人生的初始阶段，你与曾经的自己建立连结。不仅如此，你还能带给那个“初生牛犊不怕虎”的孩童一些珍贵的东西。

想象现在的你弯下腰来，俯身探向这个孩童，那个曾经的你，看一看他处于哪个年龄段。尤其要感受一下那时的你所携带的意识觉知，及其与灵魂次元的连结。那时的你尚是“外来者”，尚带着“新来者”特有的清新与开放。想象现在的你靠近他，用好奇的目光看着这个孩童，觉察其内在的天堂能量。蹲下身来，问问他：“你想为这里带来什么？你的灵魂想要为这个世界带来何种财富？什么才是真正属于你、适合你的东西?”

告诉这个孩童:“我会帮助你,我来自未来,我会过来支持你、引导你。”看一看这个孩童是否能感受到你的存在,是否看到了你。如果并非如此的话,你可以轻触他一下,深深地看着他的眼睛。如果你感到或看到这个孩童的真实力量及其当初想做出的贡献,就请将手放在他的肩膀上,告诉他:“我会保护你,支持你,我会助你实现自己的目标。”感受一下你自身的力量,如今的你在这个世界上已经积累了一定的知识与经验。感受一下现在的你所具有的智慧,并将这些智慧传递给当初的那个你,那个孩童。你与此孩童分享自己的智慧与人生经验之际,也会同时从他那里获得一些东西——他的清新无染、自发性以及所携带的真实能量。这些能量会直接流入你的心,这才是你!请在心中再次感受一下与自己灵魂之间的连结。

你在这一生所集聚的力量以及所积累的智慧,如护罩一般环绕着你的心。那里居住着你的内在小孩,它与你的灵魂保持着紧密的连结。你的内在小孩纯洁清新,亦颇为脆弱。他需要你的人类智慧与人生经验,以便在这个世界上生活与成长。借由将自己的力量回送到过去，你能够激发此孩童的天赋与力量。他依然活生生地存在于你的内在，是通往你灵魂的桥梁。

许多成年人已失去了与自己灵魂的连结。孩提时代便在他人的引导与鼓励下使自己的灵魂能量下沉，沉入自己的地球人格，这并非自然而然、不言而喻之事。在人类历史上，“个体性”曾长期被视为禁忌。在某些宗教体系中，强权力量不断地压抑人们的个体性。统治阶层想要信众俯首帖耳地顺从自己，因此，他们反对个体性与独创性，反对特立独行与自我绽放。他们通过各种教义，类似于“人是什么样的生物，又该如何生活”的教义来施加影响。比如，有的教义宣称，人在本质上是有罪的，具有行恶倾向，只有他们之外或之上的力量才能拯救他们，将他们从所犯下的罪孽以及与生俱来的原罪中救赎出来。能够拯救他们的是某一权威，亦即为人们制定规则的“神”。不仅如此，只有极少数人了解“神”所制定的规则。这些拥有特权的少数人以《圣经》或先知的话语为依据，在人们中间播种恐惧。宗教与暴力也变得密不可分。他们以“更高”的存在、目标或利益为名，不断地向人们施威，无论是在身体层面上——迫害异见者，还是在精神层面上——摧毁自爱、自我价值感与个体的自我表达，皆如此。

历史上这些身体与精神层面上的暴力给人们造成了严重的心灵创伤。如今，渐渐地，你们的世界开始进入新的篇章，进入到一个自由与个体性越来越受欢迎的新世界。这也会逐渐开启通往灵魂的门户，在诸多面向上，人类生活皆已误入歧途的原因是，人们与自己的天性与本质日渐疏离，而与自己的灵魂与个体性之间缺乏连结。

你们是开创通往灵魂之路的人。首先，你们于内在层面上为自己开通了道路。由此，你们成为了光之工作者，在自己的灵魂与地球人格之间开创光与觉知的通道。由此，你们变得敏感，敞开心扉，亦沉入情绪层面，认出恐惧的声音，聆听自己的内在直觉。你们并非仅仅在这一生才开始这项内在工作，而是早已启动这一过程。曾经，你们被迫与世隔绝，隐藏自己的真实本性。而现在，时机也已成熟，是时候闪耀自身之光，在人群中、在社会上真正地做自己了。

不过，这样做会在许多人心中唤起恐惧，唤醒他们对于过去的记忆，那些有关“因展现自己的内在真相而遭到压制与审判”的记忆。不仅如此，让自己的言行建基于与灵魂的连结，这样做时，甚至有可能体验到致命的恐惧。此时，你们所需要的正是“腹部的力量”。

你们那居于腹部的力量本具有很强的“接地性”。当你带着全然的意识觉知沉入腹部之际，你能够很好地“接地”。你感觉自己坚实稳定，可以做自己——真正的自己，而且你心中充满安全感，知道自己是被敬重的。试着以此为基础，与灵魂建立连结，聆听灵魂的声音。有可能，你接收到灵魂带给你的讯息，却不知该如何将这些讯息整合到日常生活中；或许你感受到某些东西，却不知该如何因应；抑或你感觉自己备受激励，却不知该如何付诸行动。在这种情况下，你们往往也已敞开心扉，却并未真正地居于腹部。许多高度敏感的人皆如此。这与我前面提及的历史不无关联，由于受到形形色色的打击与压制，你们难以独立地思考，独立地做出抉择。你们中的许多人都已将自己的能量从腹部抽离。

为了能够更深地沉入腹部区域，你需要借助自己的男性能量，那种敢于说“不”、为自己挺身而出的能量。它能够助你冲破旧有传统，变得与众不同，远离既有轨道。这是你灵魂所具有的更高的男性能量，无论你是男性还是女性皆如此。此男性能量能够助你更深地沉入腹部，借由拒绝并不属于自己的能量，为真实、真正的自己创造空间。

过去那施展权威、播种恐惧的男性能量，是一种缺乏接地性的男性能量。此能量如迷途羔羊，感觉自己仿若流水中的浮萍，并因此而想要掌控与主宰生命。基于心灵的男性能量能够为你提供有力的保护，带你回家。这种保护可以助你将自己的灵魂能量更深地沉入腹部。如此这般，你会感受到来自地球的承载。借由与腹部的连结，你能够感知适宜自己的韵律。“真正的直觉力”与感知适合自己的韵律有着直接的关联。

当前什么对我最有益？我又真正需要什么？你不能仅凭心的能量来感知这些问题的答案。其所处的能量层面依然偏高。你需要的是调协于腹部，那种身体上的、近乎本能的调协。在这种状态下，你所感知到的答案是一种寂静的内在知晓。这种状态下，你能以脚踏实地的方式接收灵魂带给你的讯息，并以此做出明确的抉择。

最后，请再次观想一下那个孩童，那个孩提时代的你。想象其出现在你的腹部，并感受一下其所携带的灵魂能量。想象你在其周围设置了坚固的光之护罩，这为其提供了属于自己的空间，因此他不会因各种外在影响与刺激而忘记自己真正是谁。此护罩就是为你挺身而出、保护你的男性能量。请在自己的尾骨、双腿与双脚处感受一下，感受这种接地的男性能量所提供给你的保护。接下来，则是你的整个脊柱以及双手。感受一下，由于受到这种有力的保护，这个孩童能够安全地在你的腹部嬉戏，安然地闪耀自身之光。

你们是新纪元的火炬手，请保护自己、敬重自己，将自己的灵魂之光带入地球实相，播下新意识的种子。如此这般，你们便能实现自己的人生使命。

第七章

老灵魂

我发自内心地问候你们，我是抹大拉的玛利亚，与你们志同道合的人。我是你们之中的一员，我们都是同一个大家庭的成员。我是你们的姐妹，我们是平等的。我想鼓励你们，带给你们勇气。因为我看到，你们中的许多人有时倍感气馁与沮丧。你们的内在充满了光、生命感、创造力与智慧，然而却因保守、顽固的周遭环境而变得日渐气馁。地球实相中的暴力、消极与残酷对你们影响深重。人与人之间的互相伤害，无论大小，都深深地触动了你们。你们于内心深处渴望一个不同的世界，一个基于合一、心灵价值、共同利益、兄弟姐妹情谊的世界。你们是如此渴望这一新地球、新世界，有关新地球的承诺一直萦绕在你们的记忆深处。借着自己的灵魂记忆，你们对这一新世界有着一定的知晓。了知这一承诺，并想要助其彰显于地球，甚至恨不得立竿见影，就在此时此地。进展缓慢，你们在地球实相中所遭遇的种种阻力，皆使你们感到难以接受。

现在，我想进一步谈一谈你们是谁，谈一谈你们的灵魂，以及你们那光之工作者的灵魂家族。我想借助“灵魂年龄”这种说法进行描述。尽管每个灵魂的本质核心皆具足神性，然而，你，作为灵魂，也会经历一个成长的过程。曾经的某个时刻，你开始存在于地球上；曾经的某个时刻，你开始依据某种生命形相，以身体为载体存在，不仅在这个星球上，还在宇宙的其他地方。你正行走在某一段伟大的探险之旅和伟大的自我成长之旅上。你的灵魂已经参与并体验过林林总总的实相，如今，它来到地球，投入到地球实相中的生活。正如你们人生中的不同阶段，灵魂的成长之旅亦由不同的阶段组成：青少年阶段、成人阶段、老年阶段。处于青少年阶段的灵魂渴望体验，相较于“内在”而言，其更加关注“外在”。在省察与整合自己的经历与体验，变得更加智慧之前，必须先“积累”经验。因此，年轻的灵魂自然要投入到更多的冒险中，带着渴望与生命热忱在各个不同的地方积累经验。此外，正如你们在人类孩童身上所看到的，年轻的灵魂也同样是纯净天真的。“年轻”的魅力数不胜数，比如初生牛犊不怕虎，满腔热忱，精力充沛，等等。然而，随着岁月的流逝，你渐渐长大，形形色色的挑战陆续出现在你的面前。成年后，你——不仅仅是你的地球人格，还有你的灵魂——开始专注于某些特定的领域，在这些领域中发展自己，开发自己的某些天赋与才能。灵魂亦如此，尽管你经历过各种各样的人生，积累了丰富的经验，尝试过各种不同的事物，但每个灵魂都有其独一无二的特质、天赋与才能，成年以后，你开始认知与运用这些特质。这一过程与学着面对挑战、痛苦与阻力是分不开的。

接下来，在某一时刻，你抵达一个关键的转折点。在灵魂层面上，从中年到老年的过渡往往以“危机”为标志。而对人类而言，这种过渡可能会在你们遭遇所谓的“中年危机”时出现。当然，它也可能会提早（或延迟）出现在你们遭遇疾病、痛苦、死亡、离异或者其他严重的、令人失衡的人生挫折之际。当危机降临的时候，灵魂或者意识觉知必须要回归内在，去感受，去消化。尤其是当其身处危难之时，就更需要智慧。来自老灵魂的经验往往能够帮助你，为你效劳。对于灵魂而言，“进入老年”意味着“进入睿智阶段”。同样，在年纪较大的人们身上，你也会看到他们所拥有的某些智慧。他们已然经历了不止一次的挫折，了解“不得不放手，不得不分离”是一种什么样的情境与感受。“年老的有智慧”，这一点人人皆知。遇到问题请教年长之人，寻求智慧的建议（也许当今社会已不再如此盛行，但古代社会确实如此），是不无原因的。人们进入老年阶段后更容易自省，从生活的旋流中退离出来，静默沉思，享受宁静。已经历过生命的诸多面向，能够从不同视角看事物的灵魂往往比较敏感。青年时期的激情与热忱逐渐让位于细心谨慎和“温和”，亦即不再轻易地评判他人，而是深入洞察，透过现象看本质，认真地感受对方，尽量理解对方。

刚刚我只是粗略地描述了这一成长过程。描述这一过程的目的是为了告诉你们：你们，作为光之工作者，在灵魂层面上，已经进入了“老灵魂”的阶段。你们不再轻易地全身心投入到这个世界中，而是与这个世界保持一段自然的距离。你们倾向于深入地思考，考量事态的进展以及事件的内涵与意义。不假思索地投入与参与，对于老灵魂来说，并没有太大的吸引力。

光之工作者的灵魂都具有面对深度危机——能够颠覆人生之危机——的经验。此处我所讨论的是灵魂层面，也就是说，危机可能出现在其他时候或者幼年时期。所谓的青少年阶段、成人阶段、老年阶段都是象征性的说法，是一种比喻。你们中的许多人出生时便已浸染沧桑，携带着曾经的痛苦、忧伤与抑郁。在这些过往中，除了幸福、丰裕、快乐以外，你们亦体验到痛苦、愤恨、分离、失去与孤独。许多老灵魂的内在深处都蛰居着一种忧伤，这种忧伤并非因某一具体的人事物，而是一种负载，一种背景情绪。正是因为这种负载的存在，亦因为对你们来说，“全然地投入地球生活”已非理所当然之事，你们反而拥有“转身”的空间，这也是“进入老年”所导致的结果。随着年龄增长，你们自然而然地转向内在，转向心灵。年轻的灵魂更倾向于“凸显自己”，因此他们自然而然地会将更多的精力用于了解“自我”的能量。进入“后半生”后，又自然而然地回头寻找合一，寻找与他人、与生命的连结，寻找潜在的意义，以及承载一切的一体性。你们于内心深处渴望归家，乡愁袅袅，萦绕心田。你们之中的一大部分人都带着这种乡愁来到这个世界，这完全符合你们的灵魂年龄。地球当前的能量频率有悖于你们心中的能量频率，即你们想要实现的能量频率，以及你们想要回归的家园的频率。尽管这一事实令人心痛，却也携带着一个承诺。你们是筑桥人，构筑通往新地球的桥梁。你们是先锋，将基于心灵的能量带给这个实相。你们带着最为和善的态度来构筑这一桥梁：安静沉稳地闪耀自身之光，不再像以前那样与这个世界进行激烈的斗争，而是真正地选择智者之路。

那么，何为智者之路呢？它又通向何方？首先要做的是，认知与了解真正的自己，看到自己的真正价值，看到自己是一个老灵魂，看到自己的智慧。我们之前讨论过高度敏感及其陷阱：将他人的问题与情绪包袱扛在自己身上。然而，请不要忽视蕴含其中的天赋与才能。一世又一世，你们深刻地观察与体验了人类的各种情绪。请看到这些经历为你的灵魂所带来的丰盛。因自身积累的丰富经验，你们能够轻易地觉察与理解他人的情绪。“高度敏感”象征着成长，灵魂的成长。你们一定要认识到这一点！看到自己的真正价值。你们经常过于频繁地认为自己是“失败者”——权且让我这样简单粗暴地说。你们对自身的价值认识不足。你们灵魂所拥有的深度，以及你们由此而深刻体验到的痛苦与敏感，是成熟的标志，是你们的灵魂已变得成熟的标志。若能看到这种成熟所具有的真正价值，你会更好地呵护自己，并认识到，他人热衷并深感刺激的一些事情，其实并不适合自己。你更需要安静，回归内在，找到自己的内在中心。而且，这并不意味着你有什么弱点，你是在展示你的某个需求，完全符合你自身发展的需求。

如今，只要我谈论“认知自身价值”时，就会涉及“自我”这个词。你们会说：“不是众生皆平等吗？我们并不比别人强，不是吗？”当然，孩童并不强于或差于成年人或老年人，反之亦然。每个成长阶段都有属于自己的力量、价值与魅力。每个灵魂也都会经历所有的阶段。然而，在“意识成长”这一领域，你们是前辈。请接纳并发挥自己的这些特质。借由认知自己内在的力量、智慧与导师资质，周遭那些不和谐的能量对你的影响会变得越来越小。你知道它们属于这一包含各个成长阶段的实相。你于内在变得越来越坚强，与自己的连结也变得越来越紧固。也因此，你渐渐不再因世界上发生了什么或者未发生什么而耿耿于怀，也渐渐地不再那么介意他人是否理解你。请看清自己的真正价值，敢于呈现自己的伟大，敢于与众不同，偏离主流，而非从众而行。这是你成长之旅上的必经之路。

现在，请与我一起进行观想，观想一位智慧的男性或女性老者出现在你的眼前。此形相代表你的内在智慧。他目光深邃，见多识广。不仅如此，在其眼眸中，你也看到了活力、幽默与综观能力。“老年时期”也同样可以充满喜悦与欢乐，因为你们已渐渐地不再那么执着于周遭的世界，而这恰恰是这个世界所需要的。你们不再执着，开始以更宽的视野看待事物，不再轻易地评判。在地球实相中，你们是可以体验到这种喜悦与独立性的，请试着从自己所看到的画面中汲取能量。

你们中的一些人依然在不停地与这个世界抗争。在这个世界上，痛苦与苦难无处不在，丑恶与不公比比皆是，这使你们倍感愤怒、气恼与失望。当你以老灵魂的身份深入其中时，你所感受到的不仅是斗志与愤怒，还有深深的忧伤，因为敏感的你能够强烈地感受到他人细微的痛苦与忧伤，甚至还会出现身体上的反应。只要你坚守自己关于“这个世界将会或应该如何改变”的期待，就会使自己依赖于外在的某些人事物。请不要这样做！要认知与发挥自己那“长者”的智慧，用柔和的目光看待周遭的世界。不要时时刻刻都分担痛苦。这个世界因你的存在而受益，不是因为你针对不公奋起抗争的行为，而是因为你在本质上携有某种智慧与能量，一种朝向未来、朝向新地球与新实相的能量。你越不执着于这个世界，就越能纯净地传播这一能量。这会为这个世界、为众人带来改变，不过你无法预知改变是如何发生的。你无法对此进行掌控与监督，这不是你们在生活或工作中所进行的那种项目。你要放下，不执着于这个世界，与此同时，依然全然地活在这个世界中。

希望我今天能够帮助你们看到，你们是如此美丽，能够在内在核心处凝聚出如此令人惊叹的力量、智慧与深度。请为自己感到骄傲——如你所是的样子，与自己和解。允许恐惧与情绪的存在，与此同时，认知与接纳自己的形象、力量与尊严。就灵魂成长的阶段而言，你正处于成为“老师”的阶段，并非不停地说教、不断地督促与推动他人的老师，而是借由做自己来展示何为心灵能量的老师。是的，只需做自己即可。请敬重自己，如你所是的样子。

第八章

打开自己的通道

我是抹大拉的玛利亚，你们的朋友与同胞。在地球实相中，我被称为抹大拉的玛利亚。这个称呼反映了我的一部分，我灵魂的一个面向。如今，我处于“完整灵魂”所在的层面，且与我的各个部分保持着连结。而作为灵魂，我又是某一更大能量场的一部分，是志同道合的灵魂所组成的网络的一部分，你们也可以将此网络称为我的灵魂家族。现在，我之所以在这里，是因为你们也与这一能量场保持着连结。我们共同组成了这一灵魂家族。对此连结的知晓能够在成长之旅上助你一臂之力。感觉自己被志同道合的人认出，了知自己与他人在灵魂层面上的连结，再没有比这更美妙的事情了。这就好像经过漫长的跋涉，历尽艰辛，终于回归家园一样。

请透过我来接收家的能量。感受一下你灵魂家族的能量，无论这些家族成员在此处，在地球上，还是在彼岸，我们都陪伴着你。地球正在经历巨大的变化，越来越多的人渴望拥有物质财富与社会地位均无法带给他们的东西。越来越多的人感到这些身处之物无法使他们获得自己一直苦苦寻求的充实感。简言之，真正能使人感到充实的是“爱”，爱自己以及与他人充满爱的连结。“沟通”与“连结”是爱的重要组成部分。沟通与连结上的匮乏会导致内在的空虚，这种空虚则会显化为痛苦。试图用财产、成功或地位来填补空虚的行为并不会消除这种痛苦，原因很简单，它们无法取代“沟通”与“连结”。

刚刚我谈到了回归家园，回到志同道合之人身边的喜悦。你们渴望“家的能量”，与灵魂的全然连结则是归家的船票。与自己灵魂之间的连结会带给你深厚的充实感。你们时而感受到的、对非物质的光之次元的思念，往往源自你们的内在需求，希望与自己、与自己的内在核心、与自己的灵魂建立沟通的需求。一旦你回归自己的内在中心，就会自然而然地感受到来自更大整体的呵护与承载。

现在，请感受一下，相对于你的灵魂，以及你灵魂所属的连结场，你目前处于何种位置。观想一道明亮的光，像阳光那样照耀着你。阳光温暖了你的心，以及你的整个身体。这是你所感受到的家的能量，它正在呼唤你。它使你心生愉悦，忘掉忧虑。请接纳这煦暖的阳光，让它带给你温暖。你来到这里，来到地球，是为了忆起这道光，使它能够在你的心中、你的体内苏醒，使它能够在你的人生中发芽成长，并以这种方式触动地球，以及地球上的一切生灵。

想象你沐浴在这温暖的阳光中，光最先接触到你头顶的顶轮，并从那里汩汩流出，经由头部进入你的颈部与肩部，静观光的流动。感受一下，光从颈部流入你的心，并借由胸部，流入胃部，然后又经由腹部进入尾椎部位。让它继续向下流动，流入你的双腿，先是大腿，然后在膝盖处回旋，接下来又从双膝缓缓地流入双脚。光流借由你的双脚进入地球。感受一下，你与地球之灵魂建立起沟通，她向你伸出欢迎的双手。

正是以这种方式，你筑起一道桥梁，一条连接天与地的通道。仔细地观察一下自己建起的通道。你的身体或者生物能量场之内，是否有阻塞这一光之流的地方？你感到那里流动不畅，还是看到那里的光有些晦暗？你身体的某些部位可能会抵触你的灵魂之光，因为它们缺乏安全感。请用温柔的目光静观它们。观想当你看向它们的时候，你的目光变得更加温柔，更加充满爱。仅仅这样，就会弱化阻碍。

现在，请将阻碍你自身之光的那一部分以某种形象展示出来。“让我看一看你是谁或者你是什么好吗?”以开放和中立的态度请它显现。不要强迫它，接纳与欢迎出现在你眼前的一切。一幅画面、一种感觉、一段回忆、一种颜色……无论出现什么，都没有问题。感受一下，当这一画面、感觉、回忆或颜色出现之时，又有何种情绪随之浮出水面。你的这一部分为什么抗拒你的灵魂之光呢？这是有原因的。你可以假定这一部分对你的正向关注与聆听持开放的态度，这是因为，它和其他的一切生物一样，也寻求沟通与连结。它想要再次体验喜悦，想要在你这里获得归家的感觉。

轻声呼唤你内在这一充满恐惧、愤怒与忧伤的部分，让它看到你的双手与心灵都是敞开的，看它是否会渐渐地走近你。或许它会显化为孩童、动物或者是怪物的形象，任何形象皆可。此形象表达了某种情绪，也因此携带着某一讯息。此外，能够助你一臂之力的还有，感受一下你的自身之光在身体的哪一部位无法顺畅地流动。这种阻碍可能会彰显为身体上的不适，无论这种不适有多么严重，又多么令人烦恼，都不要对其心生抵触，不要抗拒它。深深地叹息一声，借着这声叹息，你接纳它的存在。你接纳这顽固的一部分，不去试图改变它。这就是爱。你接纳自己的这一部分，不去评判它，而是简单地用意识觉知去拥抱它。从表面上看，你仿佛什么都没有做，然而，事实是，你已经做了很多很多。

以这种方式任内在的黑暗面向展示出来，会导致你的灵魂层面上的某种运动，或者说改变与动态变化。你无法监控这一运动。某一更大的力量苏醒过来，它超越了你的个人意志与智识。请信任它，顺其自然。信任一切万物皆有的，那“回归家园、回归爱与喜悦”的倾向。在宇宙最微小的粒子中，在一切生命中，皆蛰居着这一渴望。你无须在自己的黑暗面向中刻意创造这一渴望。它之所以尚未归家，原因在于你无意识的抗拒。你缺乏信任，你与流动的爱失去了鲜活的连结，并因此而感到困惑，它们也是为你而存在的。

因此，接纳自己内在的黑暗面向，了解到它具有非常深广的意义。要以尊敬的态度对待它，不再试图压倒或摧毁它。此态度与你已习惯的态度有着天壤之别。往往，你深陷于与自己的斗争中，将自己分为“被肯定的部分”与“被否定的部分”。然而，导致问题的正是这种分别心。

请试着与自己内在的黑暗面向合作与共舞，不要再拒绝与排斥它。你的灵魂拥有能够带你回归家园、回归你本初之光的天赋与力量。请信任自己内在那更伟大的力量，并意识到，除此以外，你也是某一网络的一员，由志同道合的灵魂所组成的大家庭的一员。他们的力量也会流向你，正如你的力量会流向他们一样。请信任这一承载你的基床。

第九章

疗愈的核心

请于内心深处感受我的存在。曾经，人们称我为抹大拉的玛利亚。我在地球上体验过悲伤、愉悦、恐惧与勇气。我扮演过各种角色，经历过很多，就像你们一样。“圣人”并不意味着已经超越了一切人类情绪，反而是能够认出一切，于内在对人类脸上的道道沧桑充满理解与慈悲。他们深深理解人类在地球上的经历，也因此在他们心中评判不再有立足之地、只有寂静与深度理解的空间。深度的理解能够帮助一个人从旧痛、旧有负担中解脱出来。因为，如果你带着深度的理解去看对方，走近对方，你会看到对方的核心，那无限美丽、深邃与智慧的核心。

你们都是想要深入觉察、深入挖掘直至抵达核心的人。这里蕴藏着你们最为强大的力量。你们正走在通往这一空间的道途上。你们先将这一空间赋予自己，接下来也会将他人纳入其中，因为你们不再评判，无须再区分好与坏，也无须区分光明与黑暗。我所谈论的这一空间就是基督能量和基督场域。所有携带这一能量的人都是来见证与传播它的。那么，如何做到这一点呢？人类的语言具有很大的局限性。如何才能描述这一深度的理解，这一寂静但绝不空匮反而充满感受的空间呢？语言在此显得如此苍白。在约书亚的陪伴下，我感受到了这一宏大、寂静并使我深受触动的空间。这一能量以及他的陪伴使我敞开自己。我于内在发现了这一空间，并逐渐进入其中，在那里体会到归家的感觉。也因此，我能够逐渐远离激荡在我周围的剧烈的人类情绪：恐惧、憎恶、痛苦、愤怒与仇恨，人们很容易在这些情绪能量中迷失自己。人的使命是为自己创造空间，而且只有你才能为自己创造空间。其他的人仅仅能够通过他或她的存在来邀请你，为你举起一面镜子，助你看到这一空间以及如何立足于这一空间，与自己和平相处。这是光之工作者的任务或者说是内在使命，在与他人相处的过程中依然保持这一空间，尤其是在与自己相处之时保持这一空间。

让我们一起来练习一下。感受你的意识变得越来越轻盈，越来越柔软，微波荡漾，涟漪阵阵，开放且没有强迫性。这一柔和的意识之流在你之内流动。它流经你的头部，将你思想中的尖刺移除，使其变得柔和且友善。这些思想上的尖刺往往来自你所感受到的伤痛，你认为自己必须做出反应，必须保护自己，并进入防卫状态。请暂时放下这一切，让来自你的本真意识的平静与柔和的意识之流在你体内流动。让它向下流动，流经你的喉部、心部、肩部、胃部与腹部。你可以想象这是一条潺潺的溪流，它自然而然地在你体内流动。请特别关注一下你的腹部与骨盆，让溪水流进那里，温柔地清理你，一切尖锐的东西都被水流带走。让这一能量流入你的双腿，大腿、膝盖与小腿。再看一看水流如何流过你的双脚，经由脚趾间的缝隙进入大地。看一看这一能量如何滋育与加强你与地球的连结。感受一下，地球正在支持着你——透过你脚下的大地。完全回归自己，回归你内在的家园。再看一看你希望自己的生物能量场有多大，这一能量场是你肉身的自然扩展。你希望这一能量场止于何处？什么样的界限最适合你？请放心地让自己的能量场扩展，你并不会因此而干扰到任何人。你赋予自己空间的同时也会赋予他人空间。请自由、毫无拘束地在你自己的空间里好好地休憩一下。更深地沉入腹部，深呼吸。感受一下，处于这一状态的你不仅于内在感到安宁、柔软与平和，与此同时也是界限分明的。感受这一切带给你的安全感。你持守着自己的能量场，拥有适合自己的空间，与此同时，你也感受到内在的开放与柔和。

我邀请处于这一意识状态的你看一看，如何在日常生活中，在与社会的互动中，运用自己的男性与女性能量。你们具有“将这两种能量分开使用”的倾向，而这种方式所导致的结果是，二者无法协调一致，协同运作。刚刚我提到的那股柔和的能量是你们的女性面向。这一能量具有很强的同理心，可以深刻地同情与理解他人。然而，在与他人交往过程中运用这一能量时，你们往往会“跃离自己”。你们跃出自己的生物能量场，进入他人的能量场。看一看你自己是否也是这样？再看一看这在能量层面上又意味着什么？你的能量快速上移，你由此失去宁静，不再深植于自己的根基——你的腹部。接下来我再讨论一下男性能量。在某一时刻，你觉得自己再也无法继续承受下去。离开自己，与他人连结，在这一过程中失去自己的根基，这一切使你无法得到滋育，失去了平衡。终于有那么一天，你觉得必须要“关闭起来”，回归自己。在这种情况下，唯一的可能往往是坚强甚至是强硬地运用自己的男性能量。这一男性能量仿佛是一副盔甲或一道栅栏，将你自己保护起来，使自己的能量不再流失。你通过不满、愤怒、失望等情绪来安设栅栏。请看一看这对你有什么影响？你于内在有何感受？请以沉静与好奇的心态看一看：“哦？这对我有什么影响？我因此感到窒息还是自在轻松？”以激烈的方式运用自己的男性能量是与内在那自然、宁静的源头相背离的。

这一情形常常出现在你们身上，尤其出现在天生高度敏感的光之工作者身上。你们生来便具有强烈的同理心，容易与他人感同身受。作为意识先锋，你们往往具有过度给予的倾向，并希望获得他人的回应、认知与首肯。如果对方并未如此响应——而你们已经或者将会遇到这种情况，便会引起你们的内在伤痛、失望、沮丧、愤恚与孤独感。然后，你们会运用男性能量将自己隔离起来，而这种隔离方式具有一定的禁锢性，使你感到更加孤独。这种方式绝非“以自然的方式自由地扩展自己的空间，设定界限”，而是禁锢自己，甚至是放弃！

我邀请你们以另一种方式运用自身的两性能量。你们刚刚已经感受到，完全根植于自己的内在家园是可能的。请再次感受一下，再次下沉。下沉且保持下沉状态是可能的，在与他人的互动中亦如此。这意味着你必须放下许多，放下“过度想要帮助他人，改变身边的人”的倾向与行为。也就是说，要觉察自己对于“控制”或“认可”的需求，不再为了能够于外在获取生存权而抛弃自己。因为这往往是你们过度给予以及与他人连结的意图与动力。你想让他人证实你的生存权——亦即他人接受你本然的样子。这是孩童的愿望，孩童可以拥有这样的愿望，这是属于他们的特性。然而，想要在灵性上变得成熟，成为灵性的成年人，你就要去呵护自己的内在小孩，认可与肯定他，一次次地认真聆听他的需求与冲动。

现在，请有意识地关闭自己的能量场，完全专注于自己，在腹部感受你的内在小孩。深呼吸，温柔地将意识引向那里，感受你的能量场、你的空间正在变得明亮。这是一个神圣的空间，你完全能够觉察自己的内在核心，且拥有认知自己的美丽、智慧与爱的能力。如果你这一生真有使命的话，那么这个使命就是：完全认知与接纳自身的力量，认知与接纳自己。如此，你便能够唤醒内在的能量。一旦这一意识之火在你之内燃烧，它就会自然而然地照亮他人，且不断地扩散。你根本无须为此去努力，去付出，去抗争。你唯一需要做的只是深植于自己的内在本质。这样的话，你内在的两性能量便会日趋平衡。男性能量使你回归自己，协助你在必要的时刻设定界限或进行辨别。女性能量则是你柔和的一面，是连结、理解与深入觉察的能力。二者协同运作，构成一个整体。

一切疗愈与自我疗愈的核心都是回归自己。拥抱自己，有意识地设定界限，并于内在保持柔和与开放，既不过度给予，也不离弃自己，而是让腹部那没有评判的深度空间拥抱自己。静憩于内在，让能量环绕自己。这样的话，仅仅借由自身所散发的能量，你就能够带给他人帮助。请再尽情地享受一下这与自己安静相处的片刻。放松，要敢于做自己，全然地做自己。

第十章

通往新能量的门户

我是抹大拉的玛利亚。你们认识我，知道我真正是谁。我的形象已成为你们历史的一部分，也被你们的历史记载改动和扭曲。不过，你们了解本真的我，因为我们在心灵的疆域和灵魂的寓所比邻而居。你们与曾经的我拥有相同的渴望，渴望真相、事实与本质。对你们来说，最重要的便是依循愿望、依循灵感、依循自己的本质核心而活。

然而，以这种方式生活有时也会使你感到痛苦，使你不得不面对自己最黑暗的面向，这是因为，若要依循自己的本质核心而活，就要让一切浮出水面。你必须让光照亮一切，才能整合自己，于内在变得完整。

许多人都深陷于与自己的内在斗争中，我看在眼里，痛在心中。在这个世界上，人们往往以某些理想形象，例如自己该成为什么样的人为生活榜样，而这些理想形象常常是那些被世人首肯与尊重的成功人士。不知不觉地，你们就陷入了“压力漩涡”，试图去改变自己以适应社会，试图成为社会眼中的成功人士、优秀人士。

这使你逐渐偏离自己的内在核心，使你失去自己。而与此同时，一直有一个声音在不断地提醒你：“回归内在，发现真正的自己!”在“不评判”的自由空间中，你能够发现与认知真正的自己，觉察自己那些光明与黑暗的面向，觉察自己的感受、情绪与反应。爱就是允许自己回归这自由的空间，静观那里的一切。

然而，来自外界的声音又会再次响起，它往往充满了恐惧：“你得守规矩；你得改变自己，以适应社会；你要听话；不要偏离主流；不要成为他人眼中的怪人。”在这些声音的影响下，你渐渐地远离那自由的空间，不再与自己对话。你强迫自己循规蹈矩，以外在世界、周遭社会的规则与标准来要求和评判自己、折磨自己。如此这般，你被束缚，徘徊于外在世界的呼唤（其往往充满了恐惧）与你灵魂的呼唤（它呼唤你回归内在，回归“真正的你”的本质核心）之间。

如何面对内在与外在、核心与外表之间的冲突呢？聆听心的声音，做出选择，选择你自己，选择自己想要走的人生之路。运用自己全部的力量，无条件地去选择。去冒险地临渊一跃，因为那自由的、充满真爱的空间，亦没有尽头，可能会给人一种跃入无底深渊的感觉。不再有他人充满肯定、赞扬与认同地接住你，你只能孤身一跃。

感受那广袤的空间，在你的内心深处。不要评判，不要期望应该会出现什么样的画面，放下各种理想形象。那里只有“存在”，纯粹的“存在”。你能否承得住这种自由，这种无拘无束？还是你希望有章可循，遵循外在世界设定的各种规则与价值观？你能否纵身跃入深渊？能否真正地生活？

生活有时确实是惊心动魄的，会令人心生恐慌，然而，比这更为严重的是“不去生活”。长此以往，你会逐渐成为外在刺激的奴隶，失去自己，失去幸福感。只有聆听心声、从心而行才能在生活中找到真正的充实感。你的“心跳”在宇宙中是独一无二的，只有你才知道属于自己的路在哪里。

有时，在你迷路之际，需要有“暗夜”——灵魂的暗夜——出现，将你带回自己的内在中心，助你重新忆起真正的自己，忆起自己的本质核心。一切外在的保障悉数溃去，而在某种程度上，以外在规则与典范为准的你，感觉自己失去了一切，跌入了无底洞，处境艰难，挑战重重。

然而，尽管这被称作“灵魂暗夜”，但却是一个通道。此通道将你带至一扇门，通往一个不同的世界、一个更伟大的世界的门。这个世界超出了你当前的理解范畴，你那已被社会改变、受限于恐惧与旧有观念的思维，尚无法理解它。

那么，让我们一起观想一下。想象你处于某一极为幽暗的通道，你甚至无法看到通道的墙壁，你感觉自己被“虚无”环裹……究其本质，“虚无”并没有什么不好，也不是错误的，它是全然的开放，没有任何期许，也不带任何评判。尽管如此，“虚无”却使你感到恐慌，仿佛你会被它摧毁一样。然而，它只会摧毁你的旧有身份，摧毁你以为自己所认为的那个人。真正的你是不可能被摧毁的，也不可能消失。像我所描述的，你心中的空间一直存在着。此空间自始至终都在那里，永远不会消失。

观想你正在接纳“虚无”，接纳这种缺乏确定感的状况。

从中感受你所拥有的力量，感受你的独立性以及不受缚于这个世界的自由。在你的内在深处，你是自由的。

观想你逐渐抵达某一门户：你从上述通道穿过，被“虚无”环绕，被黑暗环绕，接下来一道门出现在你眼前。你此刻有什么反应，吓了一跳还是想要走近它？这扇门是什么样子的？大门紧闭且异常沉重？还是略微开启了一条缝，有光从中透过？静静地观察，除此以外你无须做任何事……

现在，想象你正站在此门之前，并将手放在门上。让能量从你的身体中流过。门的另一边是新世界，你的内在想要展示给你的地方——在你准备好之后。借由将手放在门上，你开始接触与认识这个新世界，这种能量想要进入你的生活，以适合你的韵律流入。

看一看你能否纳入这一能量，这一新世界的能量、家的能量、内在的能量……让它流入你的手、你的身体……以你感到自在的方式，既不多又不少。它流入你的头部、肩部、心部，并继续下行，进入你的胃部、腹部、骨盆与尾椎……经由双腿，流入你的双脚……

请不要忘记，身处灵魂暗夜之际也有新的能量在等待你。不过，以你当前的目光无法看到它。借助全新的目光能够帮你看到门后的实相，而发展新目光的方式正是放下旧目光不再执着于确定感，及自己曾经紧抓不放的“生存模式”。

如何才能够知道自己已准备好放下旧有模式呢？往往不满、恼怒、忧伤或绝望的感受会告诉你，你不想再这样继续下去。你可能会有这样的想法：“我不想再在这个世界上逗留，不想再活下去了”，然而，最终你会对自己说：“我不想再保持这种旧模式，不想再以这种方式继续生活下去。”

尽管如此，你的思维，那被过去熏染与塑造的思维，仍然无法理解还存在着的其他不同的方式，也因此，灵魂暗夜会使人如此绝望，因为旧的东西正逐渐溃去，而新的东西尚未出现。重要的决定正处在新旧交界处，是在黑暗的通道中做出的。此时，至关重要的是，你能否忠于自己，能否遵循内在的声音，不被来自外在的声音，那种充满恐惧、来自过去、时常在你耳畔回响的声音拽回。

因此，我想对你说，当你感觉自己正处于灵魂暗夜时，请不要逃避，而是继续深入下去，感受一下那里都有什么。若你在那里觉察到对生活的恐惧、不确定感、悲伤或绝望，请不要评判这些感受与情绪，而是与它们同在，不要逃离。你的自身之光远强于这些感受，它们并非终点，而是中间站。你看，通往新世纪的门户已进入你的视线，它就在前方！

请透过此门户与新世界的能量建立连结。迟早有一天，这扇门会完全敞开。让这一画面在你脑海中浮现。或许，你尚无法完全感受到这一切，但你可以想象一下，门户大开且你可以进入其中的情景是怎样的。那里都有什么？有什么在等待着你？这会在你心中唤起怎样的感受？

你无须现在就走进去，那一天迟早会到来的。一切皆有其韵律，不过你可以感受一下这一承诺，感受一下那里的光是多么的美丽，你在那里又会是多么的愉悦、开心与自在。请保持希望，尽管现在你可能觉得自己正处于令人恐慌的灵魂暗夜，但你脚下正是通往新世界的路！

请记住这一点，这会使你的前行之路变得较为轻松。我牵着你的手，请感受一下我的陪伴……

每一次有大门为你们敞开，我们都倍感欣喜，感觉到与你们更紧密地团聚在一起。我们彼此相连，每个个体的每一步发展，都是对整体做出的贡献。

第十一章

建基于灵魂连结的亲密关系

我是抹大拉的玛利亚，曾经在地球上陪伴在约书亚身边的那个女人。我爱她。我们感受到同样的启迪与激励，也因此，我们之间建立了紧密的连结。那时，我以一位女性的身份生活在地球上，被称为抹大拉的玛利亚。你们都是一个无法言表、无法用人类语言形容的“整体”的一部分，而我，则从这一“合一之场”中对你们说话。请感受一下，感受它的能量，就在此时此地。它之所以能够来到这里，正是因为你们敞开了心扉，对灵魂深处的“合一性”敞开。请记住这种“合一性”。

曾经，你们的身份并不像现在这样被鲜明地界定与分离，你们也不像现在这样明确地感到自己是相对于“整体”

的自我。相对而言，那时的你们容易随着周遭环境流动，是整体的一部分，就好像胳膊是身体的一部分一样。胳膊本身是个实体，不过却作为身体的一个组成部分来发挥作用。你作为个体的同时又与整体有着坚实的连结，这正是生活在新地球的感受——优雅与自由的感受。这一感受带给你安全感与归属感，与此同时，你也感受到自己是一个单独的个体。

请以“女性身份”感受一下你与整体的连结，再以“男性身份”感受一下你的个体性。这两个面向对于“创造之舞”而言都是必不可少的。如果你自身的存在是完整的，那么，当你的个体遇到另一个个体时，这一相遇就会成为神奇、吸引力与兴趣的源泉。这也是两性之舞的真正目的。

女性与男性之间存在着对立与极性。两个对立面互相吸引、互相补足。请感受这两极之间的张力：激动、神奇与好奇，使得男性为女性着迷、女性也为男性着迷。强大的力量、渴望及强烈的感受会在诸如此类的关系中产生。这些力量或感受有可能相互矛盾，因彼此之间的吸引力，双方渴望融合成为一体。然而，其悖论在于，只有双方不同于彼此，是相对的两极，才会相互吸引。只有在自我感——我是不同的，我是“我”——的衬托之下，“合一感”才变得鲜明。两个极性都是不可或缺的，正是借由二者的反差，我们才能够发现彼此。这两个元素对于互补相生的关系都是必不可少的。

然而，如果你们仅仅进行两性之舞、极性之舞，就会使亲密关系逐渐遭到侵蚀。诚然，你们彼此之间有着强烈的吸引力与如火的激情，尤其是在最初阶段。然而，只有在你们感受到双方在灵魂层面——超越了阴阳二元性的层面——上的深度连结时，才能体验到融合与合一的感受。在一段关系中，如果你与对方拥有灵魂层面上的连结，那么这种连结就会进入你们的两性之舞中，并无限深化与加强这段关系。一段关系开始于男女之间有形层面上的吸引，不过，只有将灵魂层面上的连结作为补充，两性之舞才能收获美丽与喜悦。

那么，这一灵魂层面上的调和，这种合一性——我们完全能够体验到的合一性——从何而来呢？它好像是一种奇迹，无法用言语来形容的奇迹。你们中的一些人有过类似的体验，比如你对某人有一种理智思维无法解释的熟悉感，你们不需要彼此解释，无须多言，便心有灵犀。你们之间有一种自然的连结，仿佛是“家人”一般。不过这里指的并不是血缘关系，而是那难以说明的内在连结。

在灵魂层面上，存在着灵魂家族。很久很久以前，你们出生于一个“合一之场”，你们作为灵魂个体，从那里分离而出，踏上了旅程。你们的足迹并非仅限于地球，也遍布宇宙其他的诸多层面。宇宙广袤浩瀚、丰富多彩，能够为你们提供不可胜数的经历与体验。请感受一下宇宙的博大与广漠。你可以想象得到，你们通过自己所经历的旅程与探索，积累了丰富的经验。在刚刚踏上旅途之时，你与某些灵魂之间有着一种“家人关系”，在之后漫长的旅程中，你们志趣相投，并肩而行。因这些并肩的旅程，你们之间建立了“家的纽带”。如今，这一纽带使你认出了某个人——那个曾经与你同行的灵魂，并与该地球人格之后的那个灵魂建立连结。这一连结会于内心深处带给你无比的喜悦与安宁，将你提升至你尚未认知的那个层面。

现在，我们正一起走向新地球，新地球正在你的身边觉醒，建基于灵魂连结的亲密关系正在扮演着前所未有的重要角色。你们这一生的个人背景、生物特性以及所受教育对你们所起的作用也远小于从前。越来越多的人想要敞开心灵，探寻亲密关系中的深度。他们渴望合一感，那超越一切对立面的合一感，并不仅仅局限于外在的两性关系——爱情与激情——的合一感。

如果你有伴侣，请你检视一下你们之间的关系。观想他或她正站在你面前。如果你没有伴侣，就任由某个人自发地出现在你的面前，或许你认识这个人，或许这是个虚构的人物，也或许是来自你内在的男性或女性。请让你的想象自由驰骋。现在观想你们正面对面地站着。接下来，渐渐放下自己的形相，任其慢慢离你而去。你们借由内在来感受彼此。或许你看到自己或者对方变成了光的形相；或许你们只是两种不同的颜色或感受；也或许，你或者对方是天使，没有具体性别的天使。感受一下，你们之间的关系是否超越了物质形相、极性以及男女两个对立面的限制？看一看你们之间有什么样的能量在流动？感受一下你们关系的基础。是什么带给你喜悦？对方带给你的是什么？你带给对方的又是什么？

想一想无穷大这个符号（∞），那个像躺倒的“8”的符号。两个8的一半交汇在一起，形成两个平等、相依的椭圆。想象一支笔在你和伴侣之间游走，在你们周围画出构成这一符号的线条，你们分别处于两个椭圆中。在某种程度上，你们是两个不同的生命体，然而，在更深的层面上，那连续的线条所形成的是同一股能量流。请静静地感受一下，你能够感知到这一能量流，它正在你们之间流动，在这一代表无穷大的符号中流动。借由感知这一能量流，你会感觉自己再次回到了那“合一之场”，你们出生的地方。你允许这一能量在你们的关系中苏醒。

借由体验你们之间的合一之场，你们的关系变得更加丰富与深刻，因为你感受到你们是某一更大整体的一部分。体验到这一将你们连结在一起的更大整体，会为你们带来无尽的喜悦与充实感。而与此同时，你们也将对方看作是一个不同与独特的生命体。因你们之间的不同，你们对彼此而言一直是惊奇、神秘与吸引力的源泉。你永远无法完全了解一个人，也因此，你总会且一直会在对方身上发现崭新的品质与特性。借由探知你们之间最深刻的连结，你会感受到你们之间那灵魂的一体性。这会使两性之舞变得更加轻松自在，由此，两性之舞会变成神奇不断的探索之旅，而不是战场。

两性关系中存在着如此多的争斗与痛苦，如此多的不理解，如此多的极性。在漫漫的历史长河中，男女两性都体验过权力与压迫。女性能量也曾掌握过权力，因此，也并非男性总是施害者，女性总是受害者。在某些文化中，二者所扮演的角色是相反的。你们于内心深处都对此深有体会，因为曾经你们既扮演过男性也扮演过女性的角色。你们于内在深处都知道，男女两性是如何滥用权力的。

在这一时期，男女两性都渴望能够超越旧有伤痛，疗愈旧有创伤，以回归彼此。于内在层面上，女性正在重获力量，允许自身的男性能量与女性能量共舞，并由此以一种自觉、有力的方式，带着自己的直觉天赋、愿景以及连结能力勇敢地踏入社会。男性则在试着重新建立心灵上的连结，对自己的感受敞开，展示内心的情感，对女性、孩童以及所有人表达自己内心的温暖。目前你们正在经历一场能够转化旧有伤痛与误解的浪潮，而借助“合一之场”则是最快的方式。“合一感”使你们认识到，尽管你们是生活在地球上的一位男性或女性，但你们之间还存在着另一种连结。这一连结使你们能够在更深的层面上认出彼此，以心智无法了解的方式理解彼此。尽管大脑思维在此处显得苍白无力，但你们在灵魂层面上是连结在一起的这一事实会助你更加理解对方的所作所为。你们并不仅仅是某位具有肉身的男性或女性，而是一个远大于此的生命体。你们是灵魂，是已经历与探索过各种创造面向的灵魂。

这一时期，你会逐渐看到，越来越多的亲密关系建基于灵魂层面上的认知。这些关系带来了内在深度疗愈的机会与机遇。人与人，灵魂与灵魂之间这种美好的相遇对于男性集体能量与女性集体能量而言，都有着相当的影响力。一旦一位男性或女性在深入灵魂的关系中体验到疗愈与充实感，集体能量也会随之发生变化。人们在某种程度或某些面向上会获得疗愈与解脱，并重新敞开自己，两性之间会更加信任彼此。在亲密关系中获得疗愈的人越多，人类整体获得的益处就越大。对于你们所有人而言，你们的关系中蕴含着为灵魂次元创造空间的契机与机遇。当然，你们依然可以继续以男性或女性的身份在地球中进行极性之舞。然而，借由灵魂层面上的连结，这一极性之舞会更加自在、喜悦，更加富于光彩。这正是我送给你们的祝福。我们理解你们，与你们感同身受。我们就在你们身旁，与你们有着深度的连结。

第十二章

建立充满爱的关系的三个步骤

我是抹大拉的玛利亚。曾经我也在地球上，体验过爱，有时会感到绝望，不断地与各种情绪——你们都自内而外地深深了解的情绪——做斗争。今天我来这里是为了与你们讨论“生而为人”这一点。你们中的许多人都对此感到疲倦，你们心中充满了纠结，还有来自过去的痛苦与恐惧，有时还有疲惫。而且，你们不愿真正地敞开，接纳“在地球上生而为人”所能带给你们的一切。这都是可以理解的，因为在地球上，你们会体验到内心深处的抵触感，这些抵触感既来自对曾经的记忆，亦来自你们的思乡之情，你们思念那充满和谐与光的故乡。你们所有人都携带着对此的记忆。作为下沉于地球实相的灵魂，你们有时会感到沮丧与气馁。

请与你之内感到难以在地球上生活的那一部分建立连

结。不要害怕。你们的意识觉知并不属于这里，它亘古永存，是属于宇宙的，整个宇宙都是它的家。它只是暂时来这里做客。现在，请与对地球生活感到恐惧，不敢真正地投入其中，对地球上一切可能的体验敞开自己的那一部分建立连结。接纳内在的苦痛、怀疑、孤独、厌烦与绝望。请拥抱内在的伤痛，因为只有爱的关注才能疗愈它们。你们想要踏上的道途上存在着一个陷阱。你们向上、向光伸出双手，却可能不知不觉地与物质实相拉开距离，并想要从中脱离出来。然而，此时此地，对你内在最深处的邀请则是认知内在的黑暗，将光送到那里。沉入自身的黑暗、孤独与分离感，这或许会唤起你内在的抵触，与此同时，却会带给你最大的充实感。这样做，你会发现自己真正是谁：光之工作者，将光带入黑暗的人。请想象一下，围坐成一圈的你们，将内在深处的痛苦聚集起来放在中央。这些痛苦有着形形色色的展现形式，可能表现为不安、焦躁、抑郁、不确定感，或者一种与世隔绝的感受。现在，请与我一起观想。你们手持光之火炬，站成一圈。将火炬伸向圆圈中央，照亮聚集在那里的苦痛，使它们不再隐藏于黑暗之中。让你的光闪耀。你并不是自身的痛苦，而是能够缓解痛苦、转化痛苦的人。这正是你来这里的任务与使命。一旦你将光带入自身的黑暗，你所散发出的光也会照亮他人，鼓励他们也和你一样。如此这般，你就是一个光之工作者，这一切始于你自己。此时对你内在最深处的邀请便是，向自己最脆弱的部分伸出双手。

看一看人们内心最深处的创伤，我们便会发现，几乎对每一个人而言，这都与其作为男性或女性是否得到了理解与爱有关。性与亲密的原初目的本是喜悦，这一相遇极其珍贵，甚至可以用“神圣”来形容它。男性能量与女性能量以敞开与尊敬的态度相遇之际，会发生能量上的融合，此融合极具创造性。就字面意义而言，婴儿可能会因此而成为一个神奇美丽的新生儿。不仅如此，此融合之举还具有更深意义的创造性。在内在层面上，你也可以以这种方式得到滋育，被另一个灵魂触动。这会极大地丰富你，使你在不失个体性的情况下与一切万有建立连结。这是两性相融的真正意义。请感受一下它的美好，感受一下自己内心深处对它的向往，对“具此神圣意义的性”的向往。你们所有人都在寻找一切万有，寻找于内在、于神性中归家的道途。你们试图为其命名，想出了不少当然总是显得苍白的称呼：上帝、太一、一切万有、宇宙，等等。尽管如此，但重要的是，你们于内在深处感受到的一种渴望，渴望回归那安全、无条件的爱，被全然地接纳，能够自由表达自己的状态。这种乡愁萦绕在你们每个人心间，而一位男性与一位女性或者说两位爱侣——也可能是男性与男性或者女性与女性——的相遇，这种性能量上的相遇，其美丽正在于，你们能够借此对“合一”窥豹一斑。借由人性，或者说，正是借由男性与女性的极性与二元性，你们能够对家惊鸿一瞥，并借此而获得扩展，变得更加丰盛。

性本是光的源泉之一，是温柔的共舞。然而，正是在“性”这一领域，人们饱受创伤。两性之间存在着隔阂与敌意，人们甚至对自己内在的异性能量也感到不自在。女性感到难以运用内在的男性能量、自己的意识觉知以及自身的力量。男性则觉得难以臣服于自身的感受与情绪，难以真正地享受与融合。这种局面是如何形成的呢？详细地讨论两性能量发展史的话，篇幅过长，此处不再赘述。基本事实是，神、源头、一切万有也赋予了你们自由：探索与实践，并因此而反应“过激”，导致能量失衡。尽管如此，这是你们了解自己真正是谁，又被赋予何种责任的必要方式。你不是被神牵着手行走的孩童，而是需要学习承担责任，学习在各种生活元素之间保持平衡的“未来之神”。你正在成长，即将绽放。请于内在深处感受一下，你独立自主且富有力量。你是一个完整、不可分割的整体。你与万物之源有着无法切断的连结，但与此同时你也是你自己，完完全全的自己，一个独一无二的个体。请感受一下这一点，你就是你，与众不同的你。这是神奇的，是谜。内在即是不可分割且独一无二的存有。

你能否全然地承担起这一切？答案并不是肯定的。你之内的某一部分并不愿意承担这一切。那是你的阴影部分，这一部分的你充满了恐惧与无力感，感觉自己已与源头分离。它渴望回归源头，就像孩童呼唤妈妈那样。而关系以及性关系则往往被看作是借助他人归家的一种方式，尽管这根本行不通。家就在你之内。全然地接纳自己那独一无二的个性与自主权是通往成熟关系的第一步。回归自己，安住于自己的内在核心是与他人建立深刻、充满喜悦的关系的前提。这与你们在“爱恋”中可能感受到的那种不成熟的渴望截然不同。后者完全倚向对方，想融入对方，仿佛对方是无所不知的父母，仿佛自己能够像孩子一样仰仗对方。正是在“爱恋”中，内在小孩可能想将自己的负担卸下，交给对方。这时，便会出现情感依赖，而且关系的双方很快就会感到窒息。通往神圣、疗愈的关系的第一步就是，完全地回归自己。伸出双臂，拥抱那备感迷失的内在小孩，对其承担起“成人”的责任。他人无法疗愈你的伤痛，你是自己的疗愈者，你是自己的光。

如果你能够沉入内在，全然地感受与接纳内在最深处的自己，你就已经做好走向对方的准备，能够带着一颗开放与新奇的心接近对方。这是建立喜悦与丰盛的关系的第二步。你带着新奇走向对方。新奇意味着对对方没有期待，没有要求，也不需要对方提供什么，而是带着纯然的兴趣接近对方。最美丽的爱恋形式就是新奇，感受到对方对自己的吸引，想要探索与了解对方，不期冀对方服从你的世界观，也不会试图改变对方，以满足你的期待与需求。正是这样，你才能与对方共舞，对方才能无条件地进入你们之间的关系，因为你们之间不存在“压力”与“必须”。你是自由的，对方也是自由的，你们自愿地在一起。如此这般，某一更高的能量，来自心灵的能量，将你们连接在一起。你们不会试图去疗愈、改变或者提高对方，你们一起庆贺生命，因着喜悦在一起而获得疗愈。疗愈的实现并非借助对方，而是凭借自己，借由自己“安住于内在，并以此为出发点敞开自己，接受另一个灵魂带给自己的富足与丰盛”的能力。

现在请与我一起观想。想象你毫无恐惧地沉入、安住于自己的内在。让意识借由脊椎缓缓地下沉，从心至腹部再到骨盆，并自内而外地感受自己的性器官。以一颗新奇与开放之心感受它，不带任何来自社会或过去的评判或羞耻感。像感受自己的脚趾一样，带着开放与中立的态度感受它。你泊定地球实相的“锚”就在这里，你的腹部与骨盆是你的本能所在之处，你借此与地球实相建立连结。使意识下沉，静静地感受。你于内在感到自在安然，无论你处于何种境地，又在与怎样的人类情绪做斗争。关键在于，你与自己同在，你的自身之光，你的内在核心能够因应一切，面对一切。这是永不泯灭之光，是柔化与理解之光。用此光充满你的生物能量场。你在自己的神性之光中倍感安全。感受一下来自宇宙、源头的爱。你被全然地接纳，被敬重，被爱，因为你是你，如你本然的样子。

在这种意识状态下，看一看你所爱的人。可能是你的生活伴侣，或是你的一位男性或女性朋友，抑或你的子女或父母。选择最先出现在你的脑海中，你想与其建立连结的那个人就好。在你建立连结，“看到”那个人的时候，你依然与自己同在，依然保持着自己的“界限”，安住于内在。在那里，你感到自在轻安。你平缓地呼吸着，腹式呼吸，丝毫不觉得自己应该帮助或改变对方，不觉得自己应该做任何事。你完全与自己同在。然后，以一颗开放与新奇之心静观对方，看一看他或她所呈现出的状态，看一看他或她站在你面前的样子。他或她的何种能量引起了你的注意？现在向对方迈出几步，与对方更近一些，与此同时，保持住自己的能量场。用心去体味自己于内在深处对对方的感受。让这些感受自发地升起。好奇地观照他们，不要评判。看一看是什么将你们连接在一起，你们之间又在哪一方面有着最光明、最喜悦的连结。也就是说，不要专注于你们之间那些有冲突、进展不是很顺利的面向，而是看一看你们之间那条最高、最光明、最快乐的连线，在那里，能量能够在你们之间顺畅地流动。静静地享受它，除了享受你无须做任何事。试着接收这条连线所带来的光。感受一下，能量正借由这条线流入你的心，看一看这对你有何影响。这为你的人生带来崭新、熠烁的能量，使你更加丰盛。你们在一起时，接收这一能量，而与此同时，你们也赋予彼此自由。正是因着对彼此的好奇，以及赋予彼此的自由，你们才能在更深的层面相遇。真正的亲密，其意义与初衷正在于此。

第一步是回归自己，安住于内在，且保持这种状态，即便你正与他人接触与交往时亦如此。第二步则是带着新奇与对方建立连结，不要去试图改变或限制对方，而只是静观、感受与探索。第三步则是享受彼此的陪伴，享受两人在一起时能量顺畅流动的那些面向。享受这一切，放下其他的那些面向。

关系是你们在地球实相中极为珍贵与美好的体验。在关系中，你们会遭遇人类最强烈的情绪能量。一开始我就说了，我来这里是为了与你们讨论“生而为人”这一点。我的意思是，在传统教诲中，你们往往被教导要远离与超越自己的“人性”，以能够彰显“神性”。这样做其实是在逃避自己的情绪，逃避关系中那些有起有伏的现实。我想说的是，你们借由“人性”，借由进入关系，而走向神性。这是因为，在关系中，你们必须面对人生的实质因素：孤独、乡愁、绝望，还有新奇、喜悦与连结感。你与他人在关系中建立的亲密，会为内在留下极为深刻的印象。也因此，你与一个人以如此的方式相遇后，会将其永远地铭刻在灵魂的记忆中。一旦你曾投入与某一灵魂的亲密关系，这种连结会永远地保持下去。意识借由人与人之间的关系成长，“灵性”也因此而具有真实、充满爱的内涵。真正的灵性与纪律、技能或自制无关。它关乎于发展出一颗开放之心，一颗愿意面对自身以及他人黑暗的“人心”。借由以一颗新奇与柔软的心拥抱“人性”，你会在与他人的关系中发展出爱与慈悲。

第十三章

内在的大我与小我

（此讯息接收于某个以“传讯”为主题的工作坊。工作坊的受众是想要学习传讯，以及已能传讯但想要在这一方面增强自信的人。）

我是抹大拉的玛利亚。我来自遥远的过去，亦来自未来。我远大于自己曾在地球上扮演的那位女性。我是某一更大能量场的一部分。此能量场一直在不断地更新与重生，每时每刻都如此。我是一个活生生的存在，既不受限于时间，亦不受限于若干世纪以前我所借居的肉身形相。

如今，我正在某一能量源头，那永不枯竭、荡涤你们所有人、想要唤醒你们所有人的源头。这是生命之源头。知道自己在源头是安全的，被这一能量流、这一创造之流、这一自在与轻松之流承载，是你们与生俱来的权利。这是你们的真实本性，其他的一切皆为幻相，是暂时蒙蔽你们意识的帷幕。

请感受一下我所代表的能量场。我是此能量场的一部分，你们亦如此。它生机盎然，亘古永存，一直在不断地更新，喜悦地以林林总总的方式彰显自己。你看，你也是这一能量场的一部分，你是自由的，独立于你的肉身，独立于时间与空间。你是不朽的存在。有时，在日常生活中，你会忘记这一点，并具有限制自己意识的倾向，仅仅相信自己所看到的，相信他人、社会及文化环境所教导你的。他们往往使你的意识变得狭窄，直到你相信自己等同于自己的身体——这些细胞，等同于自己的性别——男性或女性，等同于自己的工作或在社会中所扮演的角色，等同于自己那父亲、母亲、丈夫或妻子的身份。不知不觉地，你的意识变得越来越受限，越来越狭窄，忘了自己来自何处，又真正是谁。

而你所希冀的一切，以及你想要成为的一切，皆以此为基石。你要忆起自己真正是谁。这是一切的温床。只有忆起自己的真实本质，人生才会顺畅地流动。你无须费力地去争取什么，只是运用自己天生具有的力量便可。

你们今天之所以来到这里，是因为你们在某种程度上感到或渴望自己能够“传讯”。你想要遵从某一希望流经你的能量流，想要成为它的声音，成为它的管道。你内心的这种感受，这种渴望，其实是一种思乡之情，是绵绵的乡愁。借由传导这一属于你的能量流，你能够于内在、于地球实相中重获归家感。你回归自己的本质核心，与天地建立连结。

“传讯”最深的内涵在于，显化自己的内在能量，那超越你地球人格的能量。它远大于地球人格，无法被肉身、被有限的意识完全包含在内。它想要靠近你，流经你。

也就是说，你拥有地球人格，被你曾经的经历、所受的教育与熏陶、你的身体及遗传特性所影响与塑造的地球人格。除此以外，还有一股能量流，它来自那亘古永恒的存在，来自你的灵魂，它想要与物质形相共舞。也可以说，来自过去的能量流，被过去塑形的能量流，想要与某一更大的能量流，或者说来自未来的能量流建立连结。未来并不是固定的，而是充满了无穷无尽的可能性与潜能。“未来”这个词意味着宏大、广袤、宽泛、潜在与可能，意味着自由！生而为人的你，携有沉重旧有负担的你，想要与其建立连结。这是来自你内在的呼唤，邀请你投入自己的“小我”（其因在地球实相中而逐渐变得狭窄）与“大我”（其超出了人们的理解范畴，在人们眼中是神秘的，其独立于时间，是真正的你）之间的共舞。“传讯”的本质即是投入这一共舞。

投入共舞，不言而喻亦不可避免的是大我与小我的相遇。在某一时刻，地球人格在内在的呼唤与挑战下，放下旧有模式：限制性的视野与有关自己的负面信念。只有在这种情况下，通道才能开启，你的真我那宽广、宏大的能量流才能流经你。此即“传导”或者说“传讯”。

这一过程并非轻而易举之事。事实上，这意味着，你要放下“过去的自己”，像蝴蝶一样破茧而出。如果你感到“我想要传导”或者“我想要加强与内在的沟通”，其实这是灵魂在呼唤你：“我想要更多地彰显于地球实相。”道出此言之际，你就向“未知”迈出了一步，因为只有当你愿意面对被帷幕遮掩的东西时，才能够打开通道。愿意改变，愿意臣服于自己无法完全了知的过程，这是你需要迈出的一步。

此处，我想借助沿着脊椎排列的能量中心——亦称脉轮——来描述大我与小我之间的相遇。你们可以将脊椎看作是一个通道。通道顶端是你的头顶，此处有一个能量中心，其向宇宙敞开，借由它，你能够感受到与整体、与你之内在的连结。

脊椎的底端是尾椎。此处的能量最为稠密，最具物质性，在那里，你完全是物质实相的一部分。此刻，你也可以感受一下这一能量。感受一下你头顶即顶轮的能量与脊椎底端即海底轮的能量之间的区别。

你可以感受到，二者具有迥异的“存在”能量。可以说，为了能够将“最深广的自己”所具有的能量传导至自己的身体，此能量必须拾级而下，沿着阶梯从最高的脉轮——顶轮，沉入尾椎。此处，我象征性地使用“阶梯”这个词。在某种程度上，你们可以直接按字面意思去理解，因为脊椎本就是一个敏感的器官，能量借之下沉或上升。不过，“阶梯”也有其象征意义，它意味着连接与整合你的“大我”——或者说那个“宇宙层面上的你”——与你的地球人格。

你们中的许多人（参加这次工作坊以及阅读此文的人），顶轮已开启。对你们来说，体验与宇宙之次元的沟通，并非难事。其显化形式可能是，某一慈爱的导师、高我等。

现在，请感受一下自己的顶轮、喉轮与心轮。这是较高的几个脉轮。与此能量场建立连结。除了静观，你无须做任何事。在那里，你能够体验到某一寂静的内在空间，借由此空间，你能够与想要流经你、被你传导的能量建立沟通。宁静、中立地观照你的内在，当你与导师或高我建立沟通之际，你身体上部都有什么感受。看一看此能量如何充满你：心部、喉部、头部、顶轮。以观察者的身份静观这一切，静观这一建立沟通的过程。

现在，让我们将注意力向下移动。下面还有三个脉轮，一个位于胃部，它也被称作太阳神经丛。接下来是脐轮，位于腹部。脐轮下面则是尾椎处的海底轮。让意识下沉，与这三个较低的脉轮建立沟通。你只需让自己的意识沉入那里，除此以外无须做任何改变。沉入腹部，然后再看一看你能否继续下沉，直至尾椎。

与这一区域建立沟通后，请感受一下，你进行传导之际，那里会发生什么？不要怀疑你是否确实在传导。在充满灵感与信任的时刻，你们都在传导。观想你正处于这种状态。你已经看到此能量如何流入较高的几个脉轮。现在看一看，此能量对你较低的几个脉轮又有何影响。当你与那更为宏大的、想要流经你的宇宙能量建立连结之际，这几个脉轮处的流动状况又如何？此能量能否彻底进入那里？能否被完全接收并顺畅地流入海底轮？

你那受限于过去、已变得狭窄的地球人格，与你想要彰显的、来自未来与更高源泉的能量，在你的身体内相遇。这里存在着一个至关重要的交接点，就在第三个脉轮与第四个脉轮之间，亦即较低的几个脉轮与较高的几个脉轮之间。

在较低的几个脉轮处，往往蛰居着来自过去的恐惧，这些恐惧亦导致了气馁与迟疑。看一看你于内在是否能够觉察到它们。想一想你内在的能量，那想要流经你的宇宙能量，看一看此能量在你身体的哪个部分较难流动。观想此能量借由顶轮进入你的身体，让它经由你的喉部与心部一直向下流动。

好好地观察一下，你的太阳神经丛对此能量做何反应。是否有抵触、抗议或恐惧存在？接下来再看一看你的腹部又有何反应。是否有某些感受出现？抑或“不能这样，不可以这样，这行不通”之类的想法？最后，静观尾椎处。感受一下，那里是否有什么在阻碍来自你内在的能量？请以充满爱的目光去观察。不要带着评判或严苛的态度。这一传导过程的关键正是：在与新能量相遇的过程中，旧有能量逐渐浮出水面，被你感受到。借着来自未来的能量，你能够感受到、看到那些来自过去的伤痛。或许，你内在那充满恐惧的部分，在面对自由的能量时，会感到紧张与焦虑。不过，只要你想要传导来自内在——那个最宽广、最宏大的你——的能量，你的内在总会出现一些阻碍，以负面想法或情绪的形式出现。不要评判它们。赞赏自己，为了自己投入这一过程的举动，这本身就是勇气与生命感的见证。

如果你发现了存在阻塞的部位——你也可以借助身体感受来觉察，请关注那里。缓缓地将意识移到存在阻塞的地方，用柔和、开放、毫无逼迫性的意识环绕它。“来，到我这里来。”你柔声地对它说，没有丝毫强迫之意。接纳出现在那里的一切，无论它是什么，恐惧、恼怒或怀疑。如果你能够带着一颗充满爱的心关注它、陪伴它，就能够于内在为自己的能量开启一条通道，最狭窄的地方决定了此通道的宽度。

请对阻碍自己能量的那一部分保持耐心与温柔。接纳它，允许它的存在。你们内心深处蛰居着一种无价值感，这源自曾长期主宰地球实相的一种集体能量。此能量建基于权力与压制，你们中的每一个人都依然在苦苦应付它的余威。在较低的几个脉轮处，依然存在着“我没有价值，本然的我不够好”等信念。对你们所有人而言，实现自我疗愈的关键正在于此。

存在这些信念的地方，也是阻碍最为严重的地方。不过，看到与体验到这些阻碍之后，你可以用自身之光照耀它。也就是说，借助这些信念的“对立面”，肯定地对自己说：“我是一个有价值的人，本然的我已是美好的，我是一个美丽且强而有力的人。”要敢于走出来，敢于赞誉与鼓励自己。不要害怕体验与接纳自身的伟大。如此这般，你就能够以充满爱的方式开启通道。

第十四章

充满爱的性

我问候你们。我作为灵魂，作为女性，作为你们的姐妹来到你们中间。我与你们是一体的。我自内而外地了解你们的一切感受。当我观看地球上的生活时，最引我注意的是地球生活的价值以及人的脆弱。我看到你们在地球上可能遭遇的痛苦与创伤，还有与此相对的，你们那不可思议的勇气与坚毅，以及对光与爱的无止境的渴求。你们是勇敢的天使。纵身跃入地球实相的存有几乎总来自频率高于当前地球能量的次元。你们于内在深处接受了这一挑战，做出回到地球的决定。由此，你们也投入了与黑暗、恐惧、阻力及孤独的共舞。你们决定冒险来这里，现在我看到了你们之所以这样做的原因。尽管这里充斥着痛苦与沉重，然而，以肉身存在于物质实相、存在于形相世界，再没有比这更丰富、更强烈的生命体验了。

你们常常希望能够从形相、分离中解脱出来，与某一更大更高的能量融合在一起。可是，我已看到你们的美，如你们所是的样子——一个生活在地球上的人，男性、女性、孩童或成人，你们所拥有的具体形相以独一无二的形式闪耀着你们的灵魂之光。许多灵性传统都曾专注于超越人类形相，肉身不好，不是真相的承载者；情绪不值得信任，激情更是如此；性欲是诱惑之源，是的，甚至是毒药。事实上，地球生活的方方面面都被剥夺了神圣性，被剥夺了爱与欢悦。

控制欲是导致上述情况的原因。借由灌输给人们各种观念，比如他们是谁，他们相对于整体的存在价值与意义，他们那些自然冲动的善与恶，等等，凭借这些就可以触动人们的灵魂深处，并改变他们。关于人类的负面观念已深深地影响了你们，也因此，你们要么以宗教教义为出发点，要么以否认某些科学观点为依据，越来越觉得地球上的生活毫无价值。这是你们曾经受到的传统教导，它们不知不觉地影响了你们对自己的看法与感受，对自己的身体、欲望、渴望、情绪、激情的看法与感受。

如今，一个颠覆性的新时代已然来临。那些训导、贬低人们的，陈旧、狭隘的教义正面临着前所未有的压力，压力来自与生命、与内在的连结更为紧密的年轻一代。越来越多的人开始体验到个体性的美丽与价值。人们开始日渐觉醒，尽管最初的范围很小，但这个范围会逐渐扩大，像油渍那样自行扩散。新意识的降临是一场回归物质实相的运动，它邀请人们重新认识物质性、身体与性。随着时间的推移，它们将被逐渐看作是“真正灵性”的重要组成部分，而不再是“低级”与“罪恶”的代表。传统修习体系教导你们，将自己提升至更高的层面主要意味着放下自己的个人渴望与激情。我想要告诉你们的则是，正是这些渴望与激情能够帮助你们与想要透过你们来显化的更高能量建立连结。真正的、充满活力的灵性不会在腹与心之间制造鸿沟，而是会将二者连接起来。蛰居于腹部的激情正是通往自由与灵感的起点。

如何才能行走在这条路上呢？首先，你要转向自己内在那所谓的“较低层面”，并以全然不同的目光去看待它。与自己的身体建立充满爱的连结，用温柔的关注问候它，让气息沉入腹部。承认自己的动物性。人类借由头脑生活已经到了如此严重的程度，已经与自身的动物性失去了连结。仅仅是“动物性”这个词，便会使你小惊一下，什么？我？动物？然而，到底何为“动物性”呢？动物不像人类那样拥有精神力量，它们依从本能而行。不过这一本能非常精微，比你们以为的要精微得多。本能位于腹部。借由本能，你能直接感受到对某事的真正感受，此时尚未有规则或评判介于其中。你的第一反应尚未受到任何限制与影响，是开放、鲜活与真实的。然而，你们很难信任自身的本能，有时甚至无法觉察到它的存在。你们如此依赖自己的心智，以至于失去了与本能的连结。

那么，与他人建立亲密的性爱关系，又会发生什么呢？在不含性爱成分的友谊中，你可以在相当程度上留在本能、动物性的领域之外。你在头脑层面上与对方连结。随着交往的深入，你也会与对方建立心灵层面上的连结。不过，一旦两人涉入性的领域，就会有其他因素或力量介入其中。在身体层面上，会出现一种激情之火，它几乎不会顾及头脑，有时也不会顾及心灵。许多人对这种性欲的力量感到害怕，并可能以两种不同的方式展现出来。或许，内在的动物性与性欲会使你心生恐惧，并因此而退缩，退离自己的腹部，不再信任自己的身体。你对性能量感到不自在，试图对其严加控制。避开恐惧的第二种方式是，保持性关系，但同时紧闭心扉。你臣服于欲望，但却排斥另一层面上的亲密。这是不自然的。人类的性爱本含有不同层面的“在一起”。如果对本能力量没有恐惧的话，臣服于自己的性能量可以助你与对方建立深刻的连结。腹部的能量会自然而然地使你们敞开心扉，使你们无论在身体层面上，还是灵魂层面上，皆能融合在一起。性能量是一种生命能量，你无法将其硬生生地囚禁于腹部。在没有阻碍与干扰的情况下，它会自然而然地流入你的心部，甚至头部，从而使你的整个身体与能量场都能参与其中。这是真正的性爱。它是灵性的，并非因着对动物性能量的否认，而是因为动物性能量能够参与其中，成为通往内在深度沟通的门户。你的身体是一道神圣的门户，是连接腹与心、地与天的桥梁。

如何才能在生活中体验到充满爱的性呢？首先，要接纳自身的欲望，将其看作是自然而然、令人愉悦之事。享受欲望，无须刻意。刻意地快速满足欲望，恰恰反映出一种敌意，对欲望想要带给你的礼物的敌意。欲望邀请你下沉至自己的身体层面，享受自己的肉体性。欲望并不仅仅局限于性欲，其范畴远大于此。作为具有肉身的生命体，你拥有最基本的感官享受。这包括你在感官层面上与周遭环境的一切互动，与那些在感官上触动你，带给你某种享受的事物的互动。品味佳肴，享受饮品，静卧在温暖的被衾下，骑行于怡人的熏风中，闻嗅大海的气息，体悟林间的清新，等等，只要你对这些体验持开放的态度，便能够深深地享受这一切，而且这种感官享受中还带着一抹“肉欲”的色彩。此外，在与他人的关系中，也毫无例外地包含感官这一面向。你们促膝交谈，四目相对，静观彼此。与他人建立沟通的那一刻，你在身体层面上也受到了触动。

感官享受是美好的，并不是坏事。它自始至终都存在，你对此的体验越多、越深，你与地球以及自己身体的连结就越紧密。感到性欲升起之际，请将其看作是人类固有的、广泛的感官享受的延伸。它完全拥有存在的权利。它是一股积极正向，正在寻找与他人的沟通与互动，从而使你享受其中的能量流。不要害怕这一能量流。当你对体内的这一能量流感到自在时，你就迈出了关键的第一步，由此，你与他人的亲密接触成为可能。你信任自己的身体以及它希望为你提供的体验机会。

诚然，当你开始与某个人交往时，忽然会有许多其他的因素涉入。忽然间，你与某一完全不同的生命体变得非常亲近。为了能够在这段关系中感到安全与信任，你们必须对彼此敞开心灵。正因如此，内在的旧痛也可能被唤醒，比如不信任，以及为了保护自己，不妥协于他人而筑起的墙。你们每个人都有这样的墙，认知自己内在的这道墙是非常重要的。若能更好地了解对方，理解对方的防御机制，你们就会渐渐地对彼此敞开心灵。这样的话，你们也就更容易在腹部层面上敞开自己，使双方的心灵之流与腹部之流皆连接在一起。这是一个精微的过程，需要你们对彼此的耐心、关注与奉献精神。

你们的社会对性爱充满了困惑。男女之间的性体验会开启一个神圣、寂静的领域，在那里，你感觉自己被提升到一个充满爱的天堂。这神圣的合一体验并不等同于情欲，然而，情欲、感官享受、对自己的身体感到自在，这些都是通往此神圣体验的门户。也因此，你在这一领域变得放松与自在是非常重要的。当然，这要依循适于你、属于你的时间与韵律。这是对所有人——所有生活在这一转变时期的人——的号召：为自己去探索，探索自己的身体对性能量的感受，探索如何享受它，以愉悦、舒适的方式与另一个人分享这一能量。如此这般，性爱意识也会逐渐发生转变。凭借新理论或者头脑思维是无法促成这一转变的。真正的转变是自内而外发生的，借由与身体、与地球的连结来实现。它们已被迫沉默了如此之久。

现在，请将意识带入腹部。意识即专注，请专注于腹部，感受一下这一区域的能量。然后，将意识带至你的性器官与海底轮。以中立的态度将注意力带到那里。这是你身体的一个美丽的组成部分，感受一下居于此处的生命力之源。看一看或者感受一下，你能否让这一生命力之流、感官享受之流、肉体性之流，经由你的双腿，进入双脚，进而与地球建立连结。感受一下，你完全可以舒适自然地体验这一滋育你、助你扎根地球实相的能量流。问一问你的身体，是否一切如其所愿？你在日常生活中还能够满足它的什么需求？往往，这可能是一些非常简单的事，很容易被你的头脑忽略掉。请认真对待这些需求，你的身体想要带你回归自己。身体并不是灵魂的对立面，它是灵魂的物质形相。借由尊重自己的身体、感官享受与腹部生命力，你会将自己的灵魂带入地球实相，并允许其透过身体这一门户，照耀你的人生。

第十五章

心与腹的连结与合作

我是抹大拉的玛利亚，能够与你们交流，我的心中充满了欢乐与喜悦。我为你们感到骄傲，无论是现在的你们还是未来的你们皆如此。你们已经存在地球上很久，体验过形形色色的恐惧。长久以来，某一低频意识一直主宰着地球。我所谓的“低频意识”指的是，这一意识以生存、抗争和权力为目标，并因此而制造了许多恐惧，比如对表达自己的恐惧，对展示真实情绪的恐惧，以及对闪耀自身之光的恐惧。你们所有人都已形成一种条件反射，因着对危险和威胁的恐惧，你们隐藏自己，使自己变得渺小，不引人注目。曾经，这些威胁确实存在。时至今日，世界上的某些地方也依然存在着诸如此类的威胁。

在你们呱呱坠地，开始这一生之时，便携带着旧有能量所构成的重负。然而，我在你们身上看到了极大的勇气与毅力，也因此，我的心中充满了喜悦以及对你们的尊敬。你们对新意识满怀热忱，愿意为其奉献自己，并毅然决定真正地回归内在，去面对内在的痛苦与负面信念。你们所拥有的勇气与毅力将会助你们归家，尽管有时从表面上看，仿佛前路漫漫，障碍重重。前方的路并非没有尽头，你们终将归家，尤其是回归自己，回归自己的心灵与腹部。

腹部是地球生活的根基。你的心携带着更高的能量与记忆，将你与超越地球实相的次元连接在一起。此时此刻，你们都感受到与自己内在的连结，轻声的呢喃、一种强烈的感受、一种知晓……其以这种方式与你沟通。你们中的许多人都非常敏感，容易感受到他人的能量与心境，对来自外界的刺激反应强烈。心是敏感的器官，这对于那些内在成熟、意识层面较高的人来说，更是如此。也因此，腹部是如此的重要。你借之与地球、与你的身体、与居于此部位的本能、愿望、情绪和热忱建立连结。只有心与腹建立起连结，你才能将自己所携带的更高能量根植于地球，才能将其真正地彰显于地球实相，彰显于尚充斥着抗争与恐惧的日常生活。

现在，我邀请你们和我一起与腹部建立连结。缓缓地呼吸，将气息柔和地送至腹部，不要强迫，也不要施压。让注意力缓缓地沉入腹部，不要急躁。感受一下，腹部都有什么感觉？你可以这样想，那里是一个阴暗的空间，你用关注将光送到那里。随着呼吸，你更加深入地沉入腹部。让自己的注意力继续下沉，进入海底轮，那位于尾椎的能量中心。你借此与地球母亲连结，与这一为你提供肉身的星球建立连结。感受一下，一股来自地球的能量向你问候，像一个活泼有生气的存有那样问候你。地球本身也拥有活生生的意识，她能够感受你，觉察你。请信任她的力量，她的韵律，她的智慧。你居于肉身中，非你莫属的肉身。请真诚地欢迎与接纳居于肉身中的自己，如你所是的样子。感受一下“这样的你”的脆弱，以及蕴含其中的强大力量——地球的力量。

地球是一个天然的生命体，你可以在周遭环境中看到这一点，季节的变迁，昼夜的更替，生命的来去，一切的一切都在不断地更新。居于腹部的生命能量，情绪、期待与愿望的动态变化，都有其自然韵律。不过你们对这些韵律往往视而不见。其中的一部分原因是，你们一直被训练要运用头脑，依循头脑而行。尽管在当前这一时期，转变正在发生，但来自过去的影响依然存在，人们依然保持着在头脑层面运作，过度地思考、担心与规划的倾向。也因此，你们对腹部的自然韵律缺乏关注，知之甚少。

也有可能，你与心灵保持着紧密的连结，高度敏感，但却缺乏与腹部的连结。你对自己的心灵与感受确实是敞开的，但是，这种状态是不稳定的，缺乏只有“根植地球”才能提供的稳固性。这也是许多光之工作者正在遭遇的问题。他们的心轮业已敞开，但是，在根基处却并未坚实地立足于自己的中心。

自在地居于自己的腹部中心，以充满爱的态度与蛰居于此处的鲜活力量合作，为什么如此难以实现呢？请在聆听我的同时，将注意力保持在腹腔，赋予其温柔的、充满爱的关注。那里居住着你的内在小孩。那里蛰居着你对亲密关系、交流与互动、友谊与爱的向往。不过，那里亦伤痕累累，你的信任遭到破坏，对展现自己充满了恐惧。请温柔地进入这一区域，那里隐藏着你所能找到的最大的宝藏。只有能够自在地居于腹部，与活跃在那里的情绪与感受建立连结，你才能让自己的灵魂之光彻底下沉。这样，你才能从恐惧中解脱出来，才能闪耀自身之光，真正地生活。

现在，请看一看居住在那里的内在小孩。那里隐藏着一个男孩或女孩，他或她因诸多的“不可以”而学会了压抑自己，不去展现真正的自己。邀请这个孩童，请他或她与你一起玩耍，以尊敬的态度对待他或她，请他或她走出来，走出阴暗的角落。问候自己的内在小孩，向他或她伸出欢迎之手，问一问他或她都有什么需求。如何才能在日常生活中为自己的内在小孩提供支持，赋予其勇气与力量呢？

就此，我想谈一谈两性能量与两性关系。这一主题与腹部区域有着紧密的关联。性与爱恋会唤起人们内在深处的情绪，并显示出光明与黑暗的两个极端。其中的一个极端是，与志同道合之人，自己深爱之人，看到并认出自己之人在一起时的喜悦与欢乐。关系刚开始的时候，往往会出现这些欢乐与喜悦的时刻，你们称其为“爱情”。这些时刻构筑成一张请柬，邀请你们去探索彼此，了解彼此。爱情与性，以及对爱的渴望每个人都会被其深深触动。性爱关系的最深层意义是，关系双方相遇在所有的层面上：头脑、心与腹部。这样的相遇使得两个灵魂对彼此敞开，不仅如此，它还为双方的内在成长与自我实现提供了强大的激励。也因此，在我眼中，诸如此类的“在爱中相遇”是神圣的。性爱，作为这一“爱的相遇”的组成部分，也是神圣的。

然而，在你们的社会中，围绕“性”这一主题，存在着诸多禁忌。那所谓的人们内在的黑暗力量，诸如激情、欲望与热忱等，长期以来备受谴责与评判，也因此，许多人不再自然而然地聆听与响应这些力量，不再相信它们本具有与心和脑建立连结的天性。因形形色色的评判，你们人为地区分出所谓的“较高的感受”与“较低的欲望”。这一极不自然的分裂很有可能会使人陷入绝望，因为脱离腹部是无法生活的。你拥有欲望与渴望，它们有时会越界，使你无所适从，不知该如何去面对，此乃无法避免的事实。不过也从来没有人教过你该如何去因应它们。大多数的灵性传统都未曾向这些力量——激情与热忱的自然力量——伸出友谊之手。如今，我想告诉你们，只有信任自己体内的深层力量，才能在心与腹、天与地之间筑起桥梁。

现在，让我们回到恋爱初始期，这一阶段，你们常常会体验到一种令人无法抗拒的强大力量。爱情，无法掌控。在某种程度上可以说，爱情之花蓦然绽放，你循着花香坠入爱河。对方对你有着极大的吸引力，这使你不得不放弃自己建起的各种防御机制与道道高墙。这邀请你在与对方的关系中敞开自己，展露脆弱。如果对方亦如此，你们就有可能建立起美好与热烈的关系。两个人逐渐走近彼此，并生活在一起之后，随着时间的推移，爱情会渐渐转变成一种更富于生活性的爱。这种爱也想看到对方的痛苦与黑暗面向，想面对这一切。这对许多人来说是艰难的一步。最初的吸引力、爱与迷恋是入口，你由此获得与对方在所有层面上建立连结的可能。然而，或迟或早，伴侣身上那些令你不满、使你伤心或气恼的面向会呈现出来。对方并非你的“拯救者”，并非使你变得完整或获得解脱的人。你有自己的路要走，即便你们之间非常亲密亦如此。这些都是你们能够在关系中逐渐获得的洞见，它们督促你们去正视自身的黑暗面向，自己尚未察觉地对“全然的爱”的向往，以及想要从对方身上获得这种爱的倾向。

你看，诸如爱情这样的自然力量，首先将你带入极乐的状态，以“促使”你接下来更加深入内在，由光进入黑暗。我所谓的“黑暗”，并没有“错误”或“不好”的意思，我所指的只是你内在或者对方内在，那些尚未得到允许，以能进入光的面向。若你能够信任腹部的力量，信任自己的渴望与激情，并以觉察、警醒且不评判的意识觉知加持它们，亲密关系所能触发的内在转化过程就会开启。你将极乐与觉知结合在一起。这时，你与对方的共舞就会变得更加深入，虽然也会遇到低谷，不过，你们双方对彼此都是真诚与真实的，你们的爱也是坚定稳固的。

我再次邀请你们关注自己的腹部。你们渴望爱，渴望爱情与友谊中那真诚的人与人之间的爱。当你与某人变得亲近之际，你会感觉到来自对方的强烈吸引力，不过，请时时静下心来，觉察对方的哪些品质触动了你，也是非常必要的。请敬重这一过程，不要因亲密关系有时会带给你的痛苦而感到失望，甚至失去信心。至关重要的是你，以及你能够从中学到什么，在哪些方面能够获得成长。请对腹部层面上的爱敞开自己，敢于重新进入生活，对与他人的真正沟通持开放态度。即便你与对方的关系已经颇为长久（你们已相守多年，非常了解彼此），业已习惯彼此，你依然可以重新敞开自己，重新感受自己曾经感受到的新奇，以及来自对方的吸引力。不要理所当然地认为自己对对方了如指掌，在他或她的意识国度中，总存在着崭新与未知的领域。

当你对腹部层面上的一切，对“亲密接触”这一领域中的一切，持开放态度的时候，你的灵魂之光就能够下沉。你心灵层面上那充满爱的意识觉知，将与你人性层面上的热忱、渴望、痛苦、犹疑以及恐惧携手合作。心灵与腹部的连结，正是“意识炼金”的基础与温床。

谢谢你们，感谢你们的关注。现在，请对环绕我们的伟大的爱之能量敞开自己。这来自你们的指导灵，你们自己的灵魂，以及那贯穿一切、承载一切的源头。请接受并纳入聚集在自己周围的光。即便你之后在书中读到这些文字，这也同样适用，此光犹在。它并不受限于时间与地点。光，乃是你的真实本质，它既为你存在，亦来自你。

我们所有人都在光中彼此相连。

作者简介：

[荷]帕梅拉·克里柏

1968年出生于荷兰，莱登大学哲学博士。经历过几次情感创伤后，从纯粹的学术研究转向心理类的修习。著有《联结你的内在智慧》。

图书在版编目（CIP）数据

找回你的内在力量 / (荷) 帕梅拉・克里柏著 ; 艾琦译 . -- 北京 :
中国青年出版社 , 2020.3
ISBN 978-7-5153-5963-2
I. ①找… II. ①帕… ②艾… III. ①女性心理学—通俗读物
IV. ① B844.5-49
中国版本图书馆 CIP 数据核字 (2020) 第 034766 号
北京市版权局著作权登记号：01-2017-4546

找回你的内在力量

作　　者：[荷] 帕梅拉・克里柏
译　　者：艾　琦
责任编辑：吕　娜　王超群
插画作者：stano

出版发行：中国青年出版社
经　　销：新华书店
印　　刷：三河市万龙印装有限公司
开　　本：787×1092 1/32 开
版　　次：2020 年 5 月北京第 1 版
印　　次：2021 年 9 月河北第 2 次印刷
印　　张：9.75
字　　数：320 千字
定　　价：69.00 元
中国青年出版社 网址：www.cyp.com.cn
地址：北京市东城区东四 12 条 21 号
电话：010-65050585（编辑部）